아인슈타인에서 괴델까지

과학자들은 종교를 어떻게 생각할까

Scientists' Logic on Religion: From Einstein to Gödel

아인슈타인에서 괴델까지

과학자들은 종교를 어떻게 생각할까

〈개정증보판〉

현우식 지음

동연

책 을 내 면 서

과학자들의 종교 이야기로의 초대

과학은 어렵고 멀게만 생각됩니다. 그런데 과학을 하는 사람은 친근하고 가깝게 느껴집니다. 우리처럼 따뜻한 체온이 느껴지는 사람이라서 그런가 봅니다. 그래서 저도 과학 이야기보다는 과학자들의 이야기를 하려고 합니다. 이번에는 특히 과학과는 상당히 먼 곳에 있어 보이는, 어쩌면 가장 멀리 떨어져 있는 것으로 보이는 종교에 초점을 맞추어 과학자들의 종교와 논리에 관한 이야기를 해보려고 합니다.

과학자는 종교를 어떻게 생각할까요? 과학자에게 종교는 어떤 의미가 있을까요? 과학자가 종교적 믿음을 가질 수 있을까요? 과학자의 인생에서 과학과 종교는 서로 어떤 영향을 주고받을까요? 이런저런 질문을 떠나지 못하고 이 작업은 시작되었습니다.

이 책은 아인슈타인의 우주적 종교 이야기로 시작됩니다. 아인슈타인은 사람들이 가장 좋아하는 과학자이기 때문입니다. 그리고 이 책은 신의 존재를 증명하는 괴델의 이야기로 마무리됩니다. 괴델은 제가 가장 좋아하는 과학자이기 때문입니다. 이런 순서가 저의 도리라고 생각했습니다.

그 다음으로 20세기의 과학자 가운데에서 리처드 파인만과 프리먼 다이슨 같은 천재 과학자에게 묻고 싶었습니다.

그 다음으로는 존 폴킹혼과 이안 바버, 과학 전문가이면서 동시에 종교 전문가인 이들에게 묻고 싶었습니다.

그 다음으로는 역사적인 과학 혁명을 이끌면서 고전 과학을 완성한 거장들인 코페르니쿠스, 갈릴레오, 뉴턴에게 묻고 싶었습니다.

그 다음으로는 과학과 종교의 갈등이 빈번히 발생하는 사이로 알려진 생명과학 분야에서 현대 유전과학의 아버지로 불리는 게오르그 멘델과 현대 유전과학의 꿈을 실현한 프랜시스 콜린스에게 묻고 싶었습니다.

마지막으로는 눈에 보이는 구체적 물질과 실험으로부터 자유로운 수리과학자 니콜라우스 쿠자누스 레온하르트 오일러, 게오르그 칸토르에게 묻고 싶었습니다.

이렇게 묻는 순서에 따라서 이야기를 구성해 보았습니다. 여기에서 위대한 과학자를 선정하고 질문하는 일은 제가 누리는 과분한 권리일 것입니다. 과학자들의 글을 통하여 그 대답을 찾아서 듣고 전하는 것은 제가 책임져야 할 엄숙한 임무라고 생각합니다. 그런데 이 과정에서 발생되는 의미는 모두 저의 손을 떠나서 이 책을 읽으시고 해석하시는 독자의 소중한 몫이 된다고 확신합니다.

과학자들의 종교 이야기를 통해서 과학과 종교에 대한 오해는 줄어들고, 과학과 종교에 대한 이해의 폭이 늘어난다면 더 바랄 것이 없겠습니다.

과학과 종교의 공명을 위한 문화 운동에 앞장서 공헌하시는 동연출판사의 김영호 사장님께 깊이 감사드립니다.

개정증보판에 부쳐

과학과 종교를 사랑하는 분들을 위해 2014년 3월에 세상에 선을 보인『아인슈타인에서 괴델까지 과학자들은 종교를 어떻게 생각할까』가 여러분들의 과분한 사랑을 받아 이제 그 개정판을 다시 내놓게 되었습니다.

이 기회를 통하여 저는 20세기를 대표하는 생물학의 거장 스티븐 제이 굴드에게도 묻고 싶었습니다. 독자께서는 이번 개정판을 통해서 하버드의 저명한 고생물학자이며 진화생물학자인 굴드가 종교를 어떻게 생각하는지를 보실 수 있습니다. 굴드의 종교 이야기를 다루면서 "과학과 종교의 분리 독립 운동가 굴드"라고 제목을 지어 보았습니다. 이 시대와 사회 속에서 과학과 종교를 생각하는 우리가 꼭 경청해야할 이야기라고 생각합니다.

과학자들의 종교 이야기는 멋진 선물입니다. 우리는 이 멋진 선물을 열어 신비로운 시를 만날 수도 있고, 동시에 근사한 과학적 이론을 만날 수도 있습니다. 과학자들의 종교 이야기는 사람과 사람을 다양한 의미의 끈으로 묶어 줍니다.

2015년 10월

현 우 식

차 례

001

우주적 종교를 사랑한 아인슈타인

아인슈타인(Albert Einstein, 1879~1955)은 시간과 공간에 대한 인간의 이해를 근본적으로 바꾸어 놓은 위대한 과학자이다. 더 이상 소개나 수식이 필요하지 않은 20세기 현대의 대표적 과학자이고 대중들의 영원한 스타이다.[1] 아인슈타인의 방정식 $E=mc^2$은 현대 과학의 아이콘이 되었다. 1921년 그에게 수여된 노벨물리학상은 아인슈타인이란 천재의 극히 일부만을 설명해 줄 수 있을 뿐이다.

아인슈타인은 1879년 3월 14일에 뷔르템베르크의 울름이란 곳에서 태어났다. 아버지 헤르만 아인슈타인과 어머니 파울리네 아인슈타인은 모두 유대인이었다. 유대식 이름 대신에 독일식 이름을 지어 준 것이나, 아인슈타인을 유대인 학교가 아닌 가톨릭 학교에 보낸 것을 볼 때, 그의 부모는 정통 유대교와는 어느 정도 거리를 두고 있었다는 것을 알 수 있다. 어린 아인슈타인은 아버지의 전기공사 사업 때문에 뮌헨에서 14년간 살게 된다. 아인슈타인은 가톨릭계 학교 내의 소수 유대인으로서 차별을 경험한다.[2]

어린 아인슈타인은 두 가지 사건을 통해 과학을 사랑하게 되었다고 한다.[3] 그 하나는 다섯 살 무렵 아버지가 보여준 나침반을 보고 느낀 사건을 말한다. 그때 아인슈타인은 나침반의 바늘이 어떤 결정된 방식으로 움직이고 있다는 것과 사물 뒤에 무엇인가 깊이 감추어져 있다는 것을 느꼈다고 한다.[4] 두 번째 사건은 삼촌 야곱을 통해서 알게 된 피타고라스의 정리를 접하고 느낀 사건을 말한다. '공리'(axiom)에서 시작되는 '기하학'(geometry)의 증명 과정에서 아인슈타인은 명료함과 확실성의 매력을 느꼈다.[5] 이때 아인슈타인은 공리를 증명해야 한다고 생각했다. 여기에서 공리는 사람들이 당연한 진리로 받아들이는 전제를 의미한다. 그러므로 공리를 증명하려고 하는 것은 일반적인 견해가 아닌 특별한 생각이다.

아인슈타인은 1894년 가족과 함께 이탈리아로 이주했고 1895년 스위스 아리우의 고등학교를 다니게 된다. 1896년 취리히의 ETH에 입학하여 1900년에 졸업한다. 1902년에 베른의 특허국 심사관으로 취직을 하고, 1905년 $E=mc^2$을 증명하여 현대 물리학의 기초를 수립한다. 여기에서 E는 에너지를, m은 질량을, c는 빛의 속도를 표현한다. 즉 에너지란 질량에 광속의 제곱을 곱한 값과 같다는 것이다. 특수상대성이론으로 불리는 이 위대한 방정식과 논문 "운동하는 물체의 전기역학에 관하여"(On the Electrodynamics of Moving Bodies)가 발표된 1905년은 기적의 해로 불린다.

우리는 아인슈타인의 글을 통해서 그가 생각한 신의 의미를 찾아볼 수 있다. 이를 위해서는 그의 글 "종교와 과학(1930)" "종교와 과학(1939)" "종교와 과학(1941)" "종교와 과학: 화해될 수 없는가?(1948)"와 그의 인터뷰 내용 등을 검토할 필요가 있다. 아인슈타인의 글 "종교와 과학(1930)"은 〈뉴욕 타임즈 매거진〉(New York Times Magazine 1930년 11월 9일자)에 게재한 글이다.[6] "종교와 과학(1939)"은 1939년 5월 19일 프린스턴 신학대학원 초청 연설이다.[7] "종교와 과학(1941)"은 뉴욕시에 있는 유대인 신학교에서 개최된 '과학 · 철학 · 종교 심포지엄'에서 발표된 글이다.[8] "종교와 과학(1948): 화해될 수 없는가?"는 뉴욕시의 자유 성향 목회자 모임에게 보낸 답장이다. 이 글은 〈크리스천 레지스터〉(Christian Register 1948년 6월)에 게재되었다.[9]

아인슈타인의 종교를 이해하기 위해서는 권오대, 『아인슈타인 하우스』(2011), 얌머(Max Jammer)의 『아인슈타인과 종교』(*Einstein and Religion*, 1999), 스탠리(Matthew Stanley)의 「아인슈타인은 인격화된 신을 믿었다?」(2009), 브라이언(Denis Brian)의 『아인슈타인 평전』(1996), 호킹(Stephen Hawking)의 『거인들의 어깨 위에 서서』(2004), 번스타인(Jeremy Bernstein)의 『아인슈타인』(1996), 파이스(Abraham Pais)의 『신화는 계속되고: 아인슈타인의 삶과 사상』(1994) 그리고 티페트(Krista Tippet)의 『아인슈타인의 신』(*Einstein's God*, 2010)을 추천한다.

아인슈타인의 신

아인슈타인이 가톨릭계의 초등학교를 다닐 때에는 성서의 내용을 모두 진실이라고 믿었다. 그러나 과학을 접하면서 종교에 대한 그의 생각이 변했다.[10] 이때 아인슈타인은 종교적 권위에 대하여 의문을 품게 된다. 그에게 진리는 권위에 의해 지켜질 수 없는 것이었다. 그렇다면 아인슈타인은 신의 존재를 부정했는가?

아인슈타인은 결코 신의 존재를 부정하지 않았다. 오히려 아인슈타인을 정말 분노하게 하는 것은 무신론자들이 아인슈타인을 인용하고 이용하는 것이었다.[11] 불확정성 원리로 유명한 물리학자 하이젠베르크의 증언에 따르면, 아인슈타인이 사랑하는 신에 대하여 많은 이야기를 하고 있는 것에 대하여 솔베이 회의에 참석한 신진 물리학자들은 신기하게 생각하고 그 의미를 알고 싶어했다.[12] 아인슈타인이 자주 언급하는 신의 의미는 무엇인가?

(1) 아인슈타인은 개인을 초월한 신(super-personal God)을 믿었다. 그는 결코 개인의 인격적 신(personal God)을 믿지 않았다(종교와 과학 1930, 1939, 1941, 1948).[13] 여기에서 개인의 인격적 신은 개인화된 혹은 의인화된 신을 말한다. 다시 말해서 신의 사유화나 신의 의인화는 신의 진정한 의미가 될 수 없다는 것이다. 같은 의미에서 아인슈타인은 '신인동형화'(anthropomorphism)란 용어를 사용한다. 아인슈타인은 "종교와 과학(1941)"에서 다음과 같이 강조했다.

"과학은 신에 대한 신인동형화의 불순한 종교적 충동을 깨끗하게 만들어 줄 뿐 아니라, 삶에 대한 우리의 이해를 종교적으로 영성화(spiritualization)하는 데 공헌한다."

여기에서 영성화(spiritualization)란 단어는 그의 신과 종교에 대한 생각을 이해하는 데 중요한 열쇠가 된다. 아인슈타인이 믿는 신은 우주적 영(cosmic spirit)으로 표현될 수 있기 때문이다. 그러므로 영성화는 우주적 차원의 영으로서의 신과 관련된다.

(2) 아인슈타인은 스피노자의 신을 믿었다(종교와 과학 1930, 1948).[14] 그래서 아인슈타인은 흔히 범신론자(pantheist)로 오해되곤 한다. 그러나 아인슈타인은 스피노자와 달리 범신론자가 아니다. 범신론은 우주와 신을 동일시하는 생각이다(*deus sive natura*). 그러나 아인슈타인에게 신은 우주와 동일한 것이 아니다. 아인슈타인의 신은 우주의 법칙 내에서 자신을 영(spirit)으로서 보여주는 신이다. 만약에 그가 신과 우주를 동일하게 보았다면, 과학과 종교는 동일한 것이 된다. 그러나 이는 아인슈타인의 과학과 종교의 구분에 대한 입장과도 모순된다. 따라서 아인슈타인의 신과 우주는 동일할 수 없다. 아인슈타인은 영국인 비레크(G. Vireck)와의 인터뷰를 통해 자신이

범신론자가 아니라고 밝힌다.[15]

(비레크) "스피노자의 신을 믿으십니까?"
(아인슈타인) "그건 단순히 '예'나 '아니오'로 대답할 수 없습니다. 나는 무신론자가 아니지만, 그렇다고 범신론자도 아닙니다."

아인슈타인은 신을 개인과 유사하게 생각할 수 없고, 우주와 동일하게 볼 수도 없음을 명시한 것이다. 아인슈타인의 신은 우주의 질서와 조화를 이루지만 우주보다 크다. 그래서 인간은 신이 존재한다는 것은 알 수 있지만 그 신을 완전하게 알 수는 없다. 이에 대하여 아인슈타인은 탁월한 비유를 들었다.[16]

"우리 인간은 수많은 언어로 쓰인 책들로 가득한 거대한 도서관에 들어선 어린아이라고 할 수 있습니다. 이 아이는 누군가 이 책들을 쓴 사실을 압니다. 어떻게 썼는지는 몰라요. 거기 쓰인 글도 무슨 뜻인지 몰라요. 그게 뭔지는 몰라도 이 책들이 신비한 순서로 배열되어 있다는 것을 아이는 어렴풋이 짐작합니다. 나는 아무리 지적인 인간이라도 신에 대해서는 이런 어린아이와 같은 태도를 지녀야 한다고 봅니다."

아인슈타인에 따르면 우리는 이 우주가 놀랍게도 일정한 법칙을 따른다는 것을 알고 있다. 그러나 그 법칙들을 어렴풋이 이해할 뿐이다. 우리의 유한한 생각으로는 수많은 별들을 움직이는 신비한 힘이 무엇인지 알아낼 수 없다는 것이다.

"신은 교묘하시지만 악의를 가지고 있지는 않다(*Raffiniert ist der Herr Gott, aber boshaft ist Er Nicht*)."

이것은 아인슈타인이 프린스턴 고등학문연구소 교수 라운지의 벽화로에 새긴 글이다. 아인슈타인의 이 명제에는 신비로운 신의 솜씨와 자연에 비밀이 감추어져 있는 이유가 표현되어 있다.

아인슈타인의 종교

아인슈타인은 모든 존재의 조화로움 속에서 스스로를 드러내는 스피노자의 신을 믿는다. 그리고 범신론을 넘어서 우리가 이해할 수 있는 모든 것을 넘어서는 신비한 힘이 있다고 믿는다. 그렇다면 아인슈타인이 생각하는 종교의 의미는 무엇인가?

(1) 아인슈타인의 종교는 우주적 종교이다. "과학과 종교(1930)"에서 아인슈타인은 종교를 (i) 공포의 종교, (ii) 사회적 감정의 종교, (iii) 우주적 종교의 세 단계로 해석한다. (i)의 단계는 원초적인 공포감 때문에 생기는 원시적 종교를 의미한다. 예를 들면, 배고픔의 공포, 질병의 공포, 죽음의 공포에 의해 생기는 종교가 있다. (ii)의 단계는 사회가 전제된 도덕적 개념에 의해 경험되는 도덕적 종교이다. 여기에서는 도덕적이고 사회적인 개념으로서의 신을 강조한다. (i) 단계의 원시적 종교와 (ii) 단계의 도덕적 종교는 모두 신인동형화의 특징이 있다.

아인슈타인은 최종적인 (iii) 단계의 우주적 종교를 진정한 의미의 종교라고 해석한다. 이 단계의 종교는 원시적 개인 종교와 도덕적 사회 종교의 경험을 넘어선다. 우주적 종교란 우주적 종교성을 지닌 종교임을 뜻한다. 아인슈타인의 우주적 종교는 기존의 전통적 유대교나 기독교의 개인화된 교리나 신인동형화 논리와 양립할 수 없다. 여기에서 개인의 안위를 위한 기도를 들어주는 신은 없다.

우주적 종교는 탁월한 개인과 고상한 특별 공동체에서 체험될 수 있는 종교적 체험의 단계에 있다. 이 체험을 아인슈타인은 '우주적 종교감'(cosmic religious sense)이라고 부른다.

그는 이 우주적 종교감의 사례를 다윗의 시편과 구약성서의 예언서에서 발견한다. 그렇다면 이 우주적 종교는 정의될 수 있는 것인가?

아인슈타인은 우주적 종교에 대한 정의를 내리기 어렵다고 하였다. 우주적 종교에 대한 교리나 신학 등 확정적인 개념화는 불가능하다. 그렇지만 여기에서 아인슈타인은 이 우주적 종교감과 우주적 종교 체험은 '예술'과 '과학'에 의해서 사람과 사람 사이에 전달되고 소통될 수 있다고 해석한다(과학과 종교 1930). 그러므로 과학은 우주적 종교의 함수이자 매개이며 우주적 종교감과 체험을 일깨우고 유지하는 기능을 담당한다. 아인슈타인에게 종교에 이르는 진정한 길은 맹신이나 삶과 죽음에 대한 두려움에 있는 것이 아니라 합리적 지식을 따라 살아가려는 과학적 노력 속에 있다.

(2) 아인슈타인의 과학과 종교는 화해될 수 있다. 아인슈타인은 과학과 종교의 관계를 화해불가능하다고 보는 견해를 거부한다(종교와 과학 1930, 1939, 1941, 1948). 그는 우주적 종교 체험이야말로 과학적 탐구의 뒤에 숨어 있는 가장 강력하고 고상한 추진력이라고 주장한다. 예를 들면, 케플러나 뉴턴 같

이 종교적 동기에 의해서 과학 연구에 일생을 바친 과학자가 이러한 예에 속한다. 아인슈타인에 따르면 수없이 실패를 하면서도 어떤 목적을 향해 충실하게 나아갈 수 있는 힘을 주는 것이 생동하는 영감(inspiration)이다. 아인슈타인은 이러한 영감을 주는 것이 바로 우주적 종교감이라고 해석한다(종교와 과학 1930). 이것은 우주의 신비로운 질서에서 느끼는 경외심과 종교감을 포함한다. 따라서 논리적으로 볼 때, 과학과 종교 사이의 충돌이나 갈등은 충분히 해소될 수 있는 것이다.

(3) 아인슈타인의 과학과 종교는 서로를 필요로 한다(종교와 과학 1930, 1939, 1941, 1948). 과학은 종교에 의존하여 우주를 이해할 수 있는 믿음을 소유한다. 종교는 과학에 의존하여 경이로운 우주의 질서를 발견한다. 이처럼 둘 사이에는 긴밀한 상호의존성이 존재한다. 그러므로 과학과 종교의 존재는 서로에게 필요하다. 과학이 없는 종교, 종교가 없는 과학은 온전할 수 없다.

아인슈타인의 "과학과 종교(1941)"에 따르면 과학은 어떤 것이 존재한다는 것을 주장할 뿐이다. 그러나 과학은 그렇게 존재해야 한다는 당위성을 주장할 수는 없다. 그것은 과학의 영역 외부의 일이다. 그러므로 가치 평가는 과학의 영역 밖의 일이다. 반면, 종교는 인간의 사유와 행동에 대한 가치 평가를 다룬다. 그렇지만 종교는 사실이나 사실들 사이의 관계에 대한 정당화를 할 수 없다. 즉 과학과 종교는 분명하게 구별되는 영역이다.

그럼에도 불구하고 둘 사이에는 상호연관성과 상호의존성이 있다. 왜냐하면 종교가 목표를 결정한다고 하더라도, 종교는 그 목표를 달성하기 위해 과학으로부터 배워야 하기 때문이다. 또한 과학은 진리와 이해를 향한 소망으로 가득 찬 사람에 의해서만 창조될 수 있기 때문이다. 그런데 이러한 느낌은 종교의 영역에서 생겨난다. 우주에 타당한 규칙들은 정말 합리적인가? 이런 가능성에 대한 믿음은 종교에 속한 것이다.

그래서 아인슈타인은 이러한 가능성에 대한 심오한 믿음을 가지고 있지 않은 과학자를 진정한 과학자로 생각하지 않는다. 그리고 이러한 상황에 대하여 다음과 같이 비유한다(종교와 과학 1941).

"종교 없는 과학은 온전히 걸을 수 없고, 과학 없는 종교는 온전히 볼 수 없다(Science without religion is lame, religion without science is blind)."[17]

과학은 종교의 목적을 깨닫게 해준다. 동시에 종교는 과학이 올바로 진행될 수 있게 한다. 종교를 무시하는 과학자는 제대로 탐구할 수 없으며, 과학을 무시하는 종교인은 맹목적이 될 수밖에 없다. 종교가 없는 과학, 과학이 없는 종교에 대한 부정, 이것이 아인슈타인의 종교적 신앙고백이다. 그렇다면 아인슈타인이야말로 과학과 종교의 무의미한 대립을 끝내고 새로운 의미를 가진 화합의 시대를 열어 주는 예언자의 역할을 한 것이 아닌가.

신은 주사위놀이를 하지 않는다

아인슈타인은 사실상 양자물리학의 시대를 열어 놓은 장본인이다. 그러나 정작 자신은 양자물리학을 받아들이지 않았다. 그렇다면 왜 아인슈타인은 양자물리학을 수용할 수 없었는가?

아인슈타인이 양자물리학의 세계관과 논리에 동의할 수 없었기 때문이다. 아인슈타인의 세계관은 우주의 질서를 전제한다. 그 질서는 실재적인 것이므로 발견되는 것이지 새롭게 만

아인슈타인의 70세 생일을 축하하며(프린스턴 고등학문연구소 IAS) 왼쪽부터 위그너, 바일, 괴델, 라비, 아인슈타인, 라덴버그, 오펜하이머

들어지는 것이 아니라고 그는 생각했다. 그러므로 아인슈타인의 신은 주사위놀이를 하는 신이 아니었다. 그는 불확정성을 받아들이는 양자물리학의 새로운 세계관을 인정할 수 없었다. 또한 확률론을 인식의 논리로 삼는 것을 받아들이고 싶지 않았던 것이다. 그래서 신은 주사위놀이를 하시지 않는다고 강조했다.

이러한 아인슈타인의 학문과 논리는 위에서 살펴본 그의 종교관과 논리와 일관된다. 그래서 아인슈타인의 동료였던 물리

아인슈타인 박물관

학자 막스 얌머는 그의 책 『아인슈타인과 종교』를 통해서 아인슈타인의 물리학이 내포하고 있는 종교와 신학적 의미를 탐구한다.[18] 예를 들면, 보이는 세계에 대한 보이지 않는 배후의 질서를 찾고자 했던 아인슈타인의 종교적 의미를 $E=mc^2$라는 방정식에서 발견할 수 있다. 이 방정식은 단지 에너지와 질량의 관계를 보여주는 것에 그치지 않는다. 여기에서 에너지는 물질과 연결되어 이해된다. 에너지는 보이지 않는 것이고 물질은 보이는 것이다. 그리고 보이지 않는 질서와 보이는 현상을 연결시켜 주는 상수(constant)는 빛이다. 아인슈타인에게 빛의 속도는 결정되어 있는 상수이지 변수가 아니다.

마찬가지로 아인슈타인은 우주 상수를 믿었다. 즉 우주에 대하여 아직 우리가 잘 알지 못하는 것은 인간의 한계일 뿐이다. 따라서 우주의 불확정성이 가지는 한계는 아니라는 것이다. 아인슈타인에게 우주의 질서는 신이 결정한 질서이고 신에 의해서 결정된 질서이다. 그러므로 우주의 상수를 발견하면 인간은 우주에 대하여 통일된 이해를 할 수 있다는 것이다. 그래서 아인슈타인은 신이 주사위놀이를 하지 않으신다고 주장했다. 이 주장과 내용이 물리학에서는 통일장 이론(unified field theory)으로 불린다. 통일장 이론으로 불리는 아인슈타인의 소원은 아직 과학적으로 실현되지 않았다.

이론의 진실은 눈 속에 있는 것이 아니라 마음속에 있다고 믿은 아인슈타인은 1955년 4월 18일 별세했다.

"인위적으로 생명을 연장하는 것은 품위 없는 일이다. 나는 해야 할 일을 했다. 이제는 떠날 시간이다."

의술에 의한 인위적인 생명 연장을 거부했던 그는 병상에서도 끝까지 통일장 이론을 발견하기 위해 수학적 계산을 했다. 일찍이 1925년 초 영국 왕립 천문학회가 아인슈타인에게 회원으로 인정하며 금메달을 수여했을 때, 아인슈타인은 답사에서 다음과 같이 말했다.

"영원한 자연의 비밀 속으로 좀 더 깊이 우리를 인도하는 생각을 발견한 사람은 큰 축복을 받은 사람입니다."

002
과학과 종교의 관계를 실험한 파인만

파인만(Richard P. Feynman, 1918~1988)은 미국을 대표하는 이론 물리학자이다. 그는 아인슈타인 이후 최고의 천재로 불리기도 하고, 최고의 물리학 선생으로 불리기도 하며, 재미있는 이야기를 가장 많이 남긴 과학자로 불리기도 한다. 끊임없는 호기심과 창의적인 생각 그리고 자유로운 생활로 유명한 파인만은 무신론자로 알려져 있다.

1965년 양자전기역학(Quantum Electrodynamics)을 완성한 공로로 노벨 물리학상을 수상하였다.[1] 그는 겔만(Murray Gell-Mann)과 함께 약한 상호작용을 연구하여 물리학적 기초를 세우고, 쿼크(quark) 이론의 기초가 되는 파톤 모델(parton model)을 제안하는 등의 큰 공헌을 한다.

파인만은 양자물리학의 경로적분을 완성시킨 파인만 적분론(integral)을 통해서 수학 분야에도 공헌한다. 특히 그가 개발한 파인만 다이어그램(Feynman Diagram)은 물리적 과정을 개념화하면서 계산할 수 있는 도구인데, 근래 과학의 역사에서 가장 뛰어난 형식화 또는 추상화로 평가된다.[2]

파인만은 탁월한 교육자이다. 그는 훌륭한 물리학 교육자에게 수여하는 외르스테드 상(Oersted Medal, 1972년)을 수상한다. 파인만은 이 상을 특별히 자랑스럽게 생각한다. 그의 여러 에세이를 통해서 파인만이 얼마나 교육을 중요하게 생각하는지 쉽게 발견하고 느낄 수 있다. 특히, 세 권으로 출판된 『파인만의 물리학 강의』(*The Feynman Lectures on Physics*, 1963~1965)는 지금도 사랑받는 전설적인 물리학 교재 중의 교재이

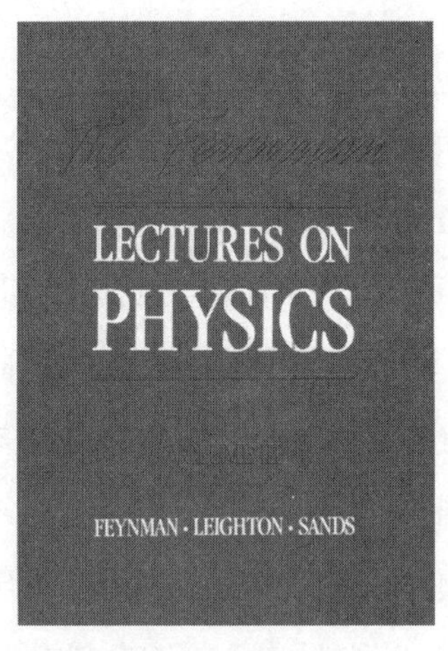

『파인만의 물리학 강의』 표지

다.[3] 이 책은 파인만이 캘리포니아 공과대학(California Institute of Technology)에서 1961년 9월 26일 시작하여 1963년까지 직접 구상하고 준비하고 담당했던 강의를 책으로 만든 것이다. 이때 파인만은 물리학에 익숙하지 않은 다양한 전공의 신입생과 2학년 학생들을 대상으로 기존과 매우 다른 새로운 접근방식의 물리학 강의를 보여주었다. 파인만은 물리학 연구에서 특별한 통찰력과 직관력을 유감없이 보여준 천재였을 뿐만 아니라 과학과 일반인의 거리를 좁히는 일에 다양한 공헌을 남긴 과학의 마술사로 불렸다.

파인만과 종교

파인만은 미국 뉴욕의 브룩클린에서 태어났다. 그의 가정은 유대교를 믿었었는데, 아버지는 무신론자였다. 파인만의 어머니는 파인만을 유대교 회당에 보냈고 파인만은 유대교 교육을 경험한다. 그러나 회당에서 여러 가지 질문에 대한 대답을 들으면서 13세의 파인만은 가르치는 내용을 믿을 수 없다는 결론을 내리고 무신론자가 된다.

파인만은 자신의 종교적 입장과 과학적 지식 사이에는 아무런 관계가 없다고 말한다. 그에 따르면, 광대한 우주에서 인간은 지극히 작은 부분이다. 여기에서 파인만은 신이 이렇게 작은 구석에 시간을 소비하며 참여한다는 것을 믿을 수 없다고 고백한다.[4] 그래서 신이 이 지구에 찾아왔다는 식의 주장은 지나치게 단순하고 지나치게 국소적이며 지나치게 편협하기 때문에 파인만은 믿을 수 없었다고 한다.

그러나 놀랍게도 파인만은 종교적 견해가 잘못되었다고는 생각하지 않는다.[5] 그는 종교 내의 무지와 의심을 기꺼이 수용한다. 그는 과학의 범위를 벗어난 진정한 지식이 존재한다는 사실을 인정한다.[6] 파인만은 과학과 종교 사이에 모종의 관계가 있다고 생각한다. 그래서 파인만은 잘 모르지만 이것을 찾아내기 위해서 질문을 시작해야 한다고 주장한다. 파인만에 따르면, 우리는 다음과 같이 말하면서 종교 이해를 시작해야 한다.

"모든 것은 틀렸을 가능성이 있습니다. 자 함께 살펴볼까요?"[7]

파인만의 사고실험

파인만이 과학과 종교의 관계를 주제로 사고실험을 한 희귀한 글이 있다. 이 글 "과학과 종교의 관계"는 캘리포니아 공과대학의 잡지 《공학과 과학》(*Engineering and Science*)에 게재된 글인

파인만과 파인만 다이어그램

데[8] 이후에 『발견하는 즐거움』이란 책 속에 포함된다.[9] 여기에서는 이 글을 분석하며 파인만이 해석하는 과학과 종교에 대한 논리를 살펴보고자 한다.

파인만은 종교와 과학 사이에 갈등이 생기는 실제적 사례에서 출발한다. 종교적 가정에서 자란 젊은이가 더 이상 아버지의 종교를 받아들이지 않고 거부하는 경우를 생각해 보자. 왜 이런 일이 생기는가?

파인만은 여기에서 세 가지의 가설을 대답으로 제시한다.

(1) 무신론 과학자들이 젊은이를 그렇게 교육했기 때문이다.

(2) 과학을 조금 배운 이 젊은이가 모든 것을 다 안다고 생각하기 때문이다.

(3) 젊은이가 과학을 제대로 이해하지 못했기 때문이다.

파인만에 따르면, (1)의 대답을 지지한다면 그것은 우리가 과학에 대하여 잘 모른다는 것을 의미한다. (2)는 미숙한 과학의 한계를 보여준다. 젊은이가 성숙해지면 미숙으로부터 오는 오만을 버리고 다른 생각을 할 수 있다는 것이다. (3)은 젊은이가 과학에 대해 정확한 이해를 하지 못하고 있음을 말한다.

파인만에 따르면, 과학은 신의 부재를 논리적으로 증명할 수 없다.

"나는 과학이 신의 존재를 부정하는 증명을 할 수 있다고 믿지 않습니다(I do not believe that science can disprove the existence of God)."[10]

과학은 신이 없다는 것을 증명하는 학문이 아니다. 그러므로 신의 부재를 증명하는 것은 과학이 할 수 없는 일이다. 그렇다면 과학과 종교에 대한 믿음 사이에는 모순이 없는가? 즉 과학과 종교는 논리적으로 양립 가능한가?

그렇다. 파인만은 과학에 대한 믿음과 신에 대한 믿음 사이에는 모순이 없다고 대답한다. 그는 과학과 종교가 양립할 수 있다고 인정한다.[11] 그러나 모순이 없이 양립하는 차원에 이르기는 그리 쉬운 일이 아니다. 파인만이 볼 때, 과학과 종교의 결합을 어렵게 하는 두 가지의 문제가 있다.

(1) 의문의 문제

(2) 비합리성의 문제

(1) 의문(doubt)을 가지는 것은 과학에서 꼭 필요한 일이다. 그런데 의문과 불확정성(uncertainty)을 종교가 거부할 때 둘 사이에는 어려움이 생긴다. 의문과 불확정성을 버리면 과학은 퇴보하기 때문이다. 그러므로 종교가 다음과 같은 말을 수용할 수 있을 때 과학과 종교는 양립할 수 있다.

"나는 신이 존재한다고 거의 확신합니다. 의문의 여지는 있지만 아주 미미합니다(I am almost certain there is a God. The doubt is very small)."[12]

과학자들이 신을 믿는다고 할 때, 그 의미는 자신들의 과학과 모순되지 않으면서 의문의 여지를 허용하는 종교적 믿음이다. 파인만에 따르면, 절대적 확신이나 절대적 진리에 대한 지식을 고집하는 한 과학과 종교는 양립할 수 없다.[13] 우리가 우리의 무지를 인정하는 것이야말로 대단히 값진 일이 아닐 수 없다. 그래서 파인만은 과학의 명제는 참과 거짓에 대해 말하는 것이 아니라 확실성의 차이도(different degrees of certainty)에 대해 알려진 것을 말해 주는 것이라고 정의한다.[14] 양자물리학의 대가다운 해석이다.

(2) 비합리성(the unreasonable)의 문제는 과학과 종교 사이에서 이해할 수 없는 비합리적인 주장을 만날 때 생긴다. 예를 들면, 종교에서 태양이 지구의 주위를 돈다는 식의 주장을 고집하는 것이다. 과학적 사실들과 부합하지 않는 종교적 주장을 만날 때 갈등이 생성된다.

과학과 만나는 종교의 세 가지 측면

파인만은 종교가 가지는 세 가지의 측면이 있다고 분석한다.[15] 이 세 가지 측면은 서로 연결되어 있다.

(1) 형이상학적 측면(metaphysical aspect)

(2) 윤리적 측면(ethical aspect)

(3) 영적 측면(spiritual aspect)

(1) 지구는 우주의 중심인가? 인간의 조상은 동물인가? 지동설이나 진화론과 관련된 갈등은 종교의 형이상학적 측면과 과학이 충돌하는 경우에 해당된다.

(2) 과학은 종교의 윤리적 측면과 갈등을 일으키지 않는다. 예를 들면, 예수의 신성을 믿지 않으면서도 예수의 윤리를 실천하는 훌륭한 과학자들이 있다. 여기에는 어떤 모순이나 갈등도 없다. 파인만은 윤리적 차원에서는 과학과 종교의 영역이 독립적이라고 해석한다.

(3) 파인만은 영적 측면을 가장 핵심적 문제로 본다. 이 문제는 종교의 진정한 가치를 유지할 수 있는 핵심이기 때문이다. 그

는 이 문제를 풀기 위해 다음과 같은 질문을 남긴다.

"종교는 형이상학적 측면의 절대적 신앙을 요구하지 않으면서 사람들에게 힘과 용기의 원천이 되는 영적 감동(inspiration)을 줄 수 있습니까??"16

우리 시대의 핵심과제

파인만은 과학의 질문과 종교의 질문의 형태를 구분한다.

(1) 종교적 질문의 형태는 다음과 같다.

"내가 이것을 해야 하는가?"

(2) 과학적 질문의 형태는 다음과 같다.

"내가 이것을 하면 무슨 일이 일어나는 것인가?"

이 물음에 답을 찾기 위해 과학에서는 실험하고 관찰하며 검증한다. 이러한 질문의 형태에 속하지 않은 질문들은 과학의 영역 밖에 있다. 예를 들어, 무슨 일이 일어나기를 원하는가를 묻는 질문은 과학적 질문의 형태가 아니다. 이런 질문은 종교적 질문에 속한다. 어떤 일이 일어나는지를 아는 지식만 가지고는 대답하거나 판단할 수 없기 때문이다. 이러한 논리에 근거하여 파인만은 과학적 질문과 종교적 질문 사이에 모순이나 갈등이 있다고 생각하지 않는다.

파인만의 결론은 과학과 종교가 모순되지 않는다는 것이다.[17] 미지에 대한 과학의 모험 정신과 사랑을 강조하는 기독교의 윤리는 서구 문명의 위대한 유산이다. 이 두 가지 유산은 논리적으로 전혀 모순되지 않는다. 여기에서 파인만은 지성의 겸허함(the humility of the intellect)과 영성의 겸허함(the humility of the spirit)이라는 말로 과학과 종교가 가지는 유산의 핵심적 요소를 강조한다. 과학에는 지성의 겸허함이 필요하고, 종교에는 영성의 겸허함이 필요하다.

우리 시대의 핵심 과제는 무엇인가? 파인만에 따르면 이 핵심 과제는 과학과 종교의 관계에 속한 과제이다. 이를 위하여 파인만은 우리에게 다음과 같은 질문을 남긴다.[18]

"서구 문명의 두 기둥인 과학과 종교가 서로를 두려워하지 않으며 충분한 생명력을 가지고 함께 서 있을 수 있도록 지원할 수 있는 영적 감동(inspiration)을 우리가 어떻게 얻을 수 있겠습니까?"

003

최대 다양성의 논리를 제시한 다이슨

다이슨(Freeman Dyson, 1923~)은 1953년부터 미국 프린스턴의 고등학문연구소 교수를 역임한 저명한 물리학자이며 수학자이다. 다이슨의 아버지 조지 다이슨은 기사 작위를 받은 작곡가이며 그의 어머니는 사회사업가로 일했다. 다이슨은 영국에서 태어나 그곳에서 교육받고 성장했는데, 2차 세계대전 이후에는 미국으로 이주하여 활동했다.

다이슨은 파인만(Richard Feynman)과 슈윙거(Julian Schwinger)와 토모나가(Sin-Itiro Tomonaga)의 각기 다른 연산 방법이 모두 동등하다는 것을 증명하여, 특히 파인만의 QED, 즉 양자전기역학(quantum electrodynamics) 이론의 중요성을 입증하고 이 분야의 발전에 공헌하였다. 수학과 물리학 분야에서 이룬 업적과 공로를 인정받아 하이너먼 상(Heineman Prize 1965년), 로렌츠 상(Lorentz Medal 1966년), 플랑크 상(Max Planck Medal 1969년), 울프 상(Wolf Prize 1981

년), 페르미 상(Fermi Award 1993년), 프앵카레 상(Poincaré Prize 2012년) 등을 수상했다. 특히, 다이슨은 종교계의 노벨상으로 불리는 템플턴 상(Templeton Prize 2000)을 수상하여 과학계를 놀라게 했다.

다이슨은 1984년에서 1985년까지 기포드 강좌(Gifford Lecture)에서 종교와 과학의 문제를 다루었다.[1] 이 강의를 기본으로 하여 나온 저서가 바로 그의 유명한 『모든 방면에서의 무한성』(*Infinite In All Directions*)이다.[2] 여기에서는 이 강좌의 내용을 중심으로 다이슨의 과학과 신학에 대한 특별한 성찰을 살펴보고자 한다.

다이슨의 신학

다이슨은 겸손한 과학자이다.[3] 그래서 신학은 자신에게 외국어와 같다고 말한다. 그는 기독교에 속해 있지만 특정한 교리에 속해 있지 않다고 말한다. 그 대신에 다이슨은 종교에 대한 생각을 일관된 신학적 지식 체계로 만든다.[4] 이를 위해서 여러 신학자의 도움을 받기도 한다. 예를 들면, 그는 하트숀(Charles Hartshorne) 같은 신학자의 도움을 받는다.

다이슨은 신학자 하트숀에 의해서 자신이 가지고 있는 생각이 신학적으로는 소시누스(Socinus)에 가깝다는 것을 알게 된다.[5] 소시누스의 주장에 따르면, 신은 전능하지 않다. 또한 신은 모든 것을 알 수 없다. 신은 우주와 함께 변화하면서 안다는 것이다. 다이슨은 신의 변화와 함께 인간이 변화할 수도 있고, 그렇지 않을 수도 있다고 여긴다. 만일 인간이 신의 뒤에 남게 된다면 그것은 종말이다. 만일 인간이 신과 함께 계속 변화한다면 그것은 시작이다.[6]

여기에서 다이슨이 중요하게 생각하는 점은 창조주의 위대함이 다양성에 있다는 것이다. 그러므로 피조물의 위대함도 그 다양성에 있다. 따라서 세계의 영(world-soul)도 다양한 것이 좋다.

다양성의 관점에서 다이슨은 사도 바울(St. Paul)의 신학에 주목한다. 그는 바울의 글 가운데 다음과 같은 말을 직접 인용한다.[7]

> "은총의 선물은 다양하지만 그것을 주시는 분은 같은 거룩한 영이십니다. …… 일의 성과는 다양하지만, 모든 사람에게서 모든 일을 하시는 분은 같은 신이십니다."[8]

다이슨은 다양성을 사랑하고 찬양한다.[9] 우주에 존재하는 모든 것들을 관찰하면 그 다양성을 알 수 있고, 따라서 우주를 창조한 신에게 다양성이 중요함을 이해할 수 있다는 것이다. 그러므로 인간의 운명에는 무한성이 있다.

다이슨의 과학과 종교

다이슨은 자연의 작용으로 표현된 신의 마음에 대한 해석이 바로 자연신학(Natural Theology)라고 정의한다.[10] 기독교에 따르면 신은 자신의 행위를 기록한 두 권의 책을 인간에게 주었다. 그 한 권은 성서이고, 다른 한 권은 자연이다. 그래서 인간은 자연이라는 책을 읽고 신의 행위에 대한 지식을 얻을 수 있다. 여기에서 다이슨은 과학과 종교가 자연을 내다볼 수 있는 두 개의 창이라고 주장한다.

다이슨에 따르면 과학과 종교는 많은 특징을 공유하는 인간의 위대한 영역이다.[11] 여기에서 그는 가장 두드러진 특징을 훈련(discipline)과 다양성(diversity)이라고 주장한다. 훈련은 개인의 환상을 전체 내에서 흡수할 수 있게 하고, 다양성은 인간의 영혼과 성질에 대한 무한한 변화의 범위를 제공한다. 훈련이 없다면 위대성이 없고 다양성이 없다면 자유가 없다. 그

래서 그는 위대한 일과 개인의 자유가 과학의 역사와 종교의 역사를 구성하고 있다고 해석한다.[12]

다이슨은 과학의 유물론(materialism)과 종교의 초월론(transcendentalism)이 양립할 수 있다고 생각한다.[13] 이 두 관점은 서로 배타적이 아니라는 것이다. 생물학자나 기독교 근본주의자들 사이에서 빈번히 주장되고 있는 과학과 종교의 양립 불가능성이나 상호 배타성에 다이슨은 동의하지 않는다.

물리학자로서 그는 물질(matter)이란 많은 입자들이 결합할 때 나타나는 입자들의 '행동 방식'(the way particles behave)이라고 설명한다.[14] 따라서 엄격한 의미에서 물질의 움직임은 예측할 수 없다. 실험실에서 관찰하는 물질과 우리의 의식에서 관찰하는 물질 사이에는 종류의 차이가 아니라 단지 정도의 차이가 있는 것이다.

> "신이 존재하고 우리가 신에 접근할 수 있다면, 신의 마음과 우리의 마음 사이에는 서로 종류의 차이가 아니라 단지 정도의 차이가 있을 뿐이다."[15]

다이슨에 따르면, 인간은 물질의 예측 불가능성과 신의 예측 불가능성 사이에 있다. 우리의 마음은 물질과 신으로부터 동일하게 입력 값을 받을 수 있다는 것이다. 그리고 다이슨은 이러한 견해가 현대 물리학의 실험을 통해 나타난 물질의 본성과 논리적으로 모순되지 않으며 양립할 수 있다고 주장한다.

다이슨의 결론에 따르면, 과학의 유물론과 종교의 초월론은 양립 불가능한 것이 아니며 상호 배타적인 것이 아니다. 현대의 과학에 의하면 물질은 신비로운 대상이라는 것을 알 수 있다. 그래서 다이슨에 따르면 물질은 매우 신비롭기 때문에 신이 원하는 대로 무엇이든지 할 수 있는 자유를 제한하지 않는다.

다이슨의 최대 다양성 원리

다이슨은 과학의 다양성과 종교의 다양성은 당연하다고 여긴다. 그리고 그는 과학의 다양성과 종교의 다양성 사이에도 유사성이 있다고 생각한다. 신의 본성에 대한 한 가지의 설명만이 있는 것이 아니듯이 우주의 본성에 대한 한 가지의 설명만이 있는 것이 아니다.

그러므로 과학과 종교가 서로의 자율성(autonomy)을 존중해야 하며, 서로 자신의 오류 불가능성(infallibility)을 주장하지 않아야 한다. 이러한 조건이 충족된다면 과학과 종교는 함께 조화를 이루면서 공존할 수 있다. 그러나 조직화된 과학이나 조직화된 종교가 진리에 대한 독점권을 주장할 때 갈등이 일어난다. 다이슨은 갈등이 일어날 때 진정으로 우리에게 필요한 것은 상대방의 말을 들으려고 하는 열린 태도와 겸손이라고 진단한다.

그럼에도 불구하고 과학과 종교 사이에는 신앙과 이성이 갈등을 일으킬 수 있는 지점이 있다. 여기에서 다이슨은 다섯 가지의 문제를 충돌의 지점으로 분석한다.

(1) 생명의 기원 문제

생명이 우연히 발생한다는 주장과 생명이 우주에 대한 신의 계획의 일부라는 주장을 화해시킬 수 있는가? 이에 대하여 다이슨은 세 가지의 대답을 제시한다.

(i) 신이 계획을 가지고 있다는 사실을 부정하며 모든 것이 우연이라고 주장하는 자크 모노의 대답이 있다.

(ii) 우연하게 존재한다는 것을 부정하면서 신은 주사위가 어떻게 될 것인지를 안다고 주장하는 아인슈타인의 대답이 있다.

(iii) 신이 우리 인간의 무지를 공유하고 있기 때문에 우연

히 존재한다고 주장하는 소시누스와 하트숀의 대답이 있다.[16] 여기에서 신은 모든 것을 아는 것이 아니다. 신은 우주와 함께 변화하고 우주의 전개에 따라 안다. 우연은 신의 계획의 일부이다. 신은 목적을 이루기 위해서 우연을 사용한다.[17]

(2) 자유 의지의 문제

슈뢰딩거의 『생명이란 무엇인가』의 에필로그를 보면 이 문제는 자유 의지에 대한 인간의 직접적 경험과 과학의 인과율을 조화시키는 것에 대한 문제로 정리된다.[18] 편협한 과학과 편협한 신학은 자유 의지에 반대하는 점에서 다를 바가 없다.

(i) 우연과 필연의 논리로 우주를 해석하는 자크 모노의 주장에 따르면 자유 의지는 부정된다.[19]

(ii) 전지전능한 신을 주장하는 신학자도 자유 의지를 부정한다.

(iii) 인간의 마음과 뇌 내부의 무작위적 과정들의 결합으로 자유 의지를 해석하는 다이슨은 우연과 자유 의지를 모두 긍정하고 양자의 관계를 인정한다. 여기에서 신의 의지는 우주적 마음과 세계 내 무작위적 과정들의 전체적 결합으로 해석된다.[20]

(3) 과학에서 목적론적 설명의 금지 문제

과학에서 목적에 의한 설명은 금지되어 있다. 여기에서 다이슨은 과학의 범위를 재정의한다. 그에 따르면 자연법칙의 선택과 우주에 대한 초기 조건의 선택은 과학에 속한 문제가 아니라 '메타 과학'에 속한 문제이다. 과학은 우주 내부의 현상을 설명하는 것에 제한된다. 과학을 초월하는 설명이 메타 과학에 포함될 때, 목적론은 금지되지 않는다는 것이 다이슨의 견해이다.

인간 원리는 메타 과학적 설명 가운데 가장 잘 알려진 사례이다. 인간 원리에 따르면, 자연의 모든 법칙은 그 법칙을 생각하는 물리학자의 존재를 허용하기 위해서 존재한다. 이러한 설명은 분명히 목적론적이다. 여기에서 다이슨은 과학 내에서 목적론적 설명이 비목적론적 설명과 상보적 관계에 있는 설명으로서 조화될 수 있다고 여긴다.[21]

(4) 신의 존재에 대한 설계 논증의 문제

설계 논증(argument from design)은 고전적인 논증에 속한다. 예를 들어 시계의 존재는 시계를 만드는 존재를 함의한다는 논증이다. 이런 증명은 19세기 진화론자와 창조론자 사이의 싸움에서 그 중심에 있었다. 이 싸움의 승자는 생물적 진화의

원인을 충분히 보여줄 수 있었던 자연선택론이었다.[22]

여기에서 다이슨은 설계 논증이 신학적 논증이므로 과학에는 허용이 될 수 없지만, 메타 과학에서는 허용될 수 있다고 제안한다. 이와 관련하여 그는 세 가지 수준에서 마음의 작용에 대한 우주의 근거가 있으며 이것에 의해서 설계 논증은 타당성을 가진다고 해석한다.

(i) 물리적 기초 과정의 수준에서 설계 논증은 타당하다. 양자역학에서 물질은 부동의 본질이 아니라 능동적 행위자이며 확률론적 법칙에 따라 부단히 선택한다. 즉 모든 양자적 실험은 자연에 대한 선택을 피할 수 없게 한다. 그러므로 모든 양자에 어느 정도 선택하는 마음이 내재한다고 볼 수 있다.

(ii) 인간의 직접 경험의 수준에서 설계 논증은 타당하다. 우리의 뇌는 분자의 작용으로 만들어지는 양자적 선택을 하는 정신적 구성요소를 크게 증가시키는 도구로 해석될 수 있다. 전체의 우주는 마음의 변화하는 방향에 대하여 개방적이다. 여기에서 이 논증은 우주적 차원에서 보는 인간 원리의 확장에 해당한다.

(iii) 우주의 정신적 구성요소인 우주적 마음의 수준에서 설계 논증은 타당하다. 우주에서 정신적 구성요소가 존재하는 것

을 믿는 것은 논리적이다. 여기에서 우리가 정신적 구성요소를 신이라고 한다면, 신의 정신적 도구의 작은 부분이 인간이다.[23]

최근 다이슨은 자연에 대한 인지과정의 두 가지 수준에서 정신이 관련된다고 생각한다.[24] 가장 높은 수준에서 정신은 뇌 속에서 일어나는 전기적 화학적 패턴의 복잡한 흐름을 직접 의식한다. 가장 낮은 수준에서 정신은 원자와 전자의 세계에서 일어나는 사건의 기술에 개입한다.[25] 다이슨은 우주 내에서 정신의 두 가지 방식이 논리적으로 연결되어 있다고 믿는다.

다이슨은 우주의 구조가 신의 존재를 증명한다고 주장하지 않는다. 다이슨의 주장은 정신이 우주의 기능에 본질적인 역할을 한다는 가설이 우주의 구조와 모순되지 않는다는 것이다.[26]

(5) 궁극적 목적의 문제

이 문제는 신의 마음을 읽는 문제이다. 구약성서의 욥기에 따르면 욥은 신의 마음을 읽고자 시도한다. 그 시도가 그리 성공적이지는 못했지만 다이슨은 욥의 질문에 공감한다. 왜 우리는 고통을 받는가? 왜 이 세계는 부정한가? 고통과 비극의 목적은 무엇인가? 이러한 물음에 대한 어느 정도의 답을 구할 수 있는가? 이에 대한 다이슨의 대답은 인간 원리로부터 확장되고 동시에 설계에 의한 논증으로부터 확장된 가설에 기초하여 제시된다. 우주는 최대 다양성 원리(a principle of maximum diversity)에 의해 구성되었다. 이것이 다이슨의 가설이고 대답이다.[27]

결론적으로 다이슨은 과학과 종교의 양립과 조화를 위한 새로운 논리를 위해서 최대 다양성 원리를 제안한다. 이 원리는 물리적 차원과 마음의 차원에 함께 작용할 수 있다. 이때 최대 다양성은 최대의 긴장을 초래할 수도 있다. 이러한 다양성의 과정은 계속된다. 다이슨에 의하면 우리가 우주에 있는 생명의 가능성과 운명에 관하여 아는 것이 거의 없음을 알 수 있다.

다이슨은 어떤 목적이 우리에게 있다고 믿는다. 그 목적은 미래와 어떤 관계를 맺고 있으며 현재 우리의 지식과 이해의 한계를 초월해 있다. 여기에서 다이슨은 초월적 목적을 신이라 부른다. 다이슨의 신은 우주에 내재하고, 우주의 전개에 따라 변화하는 신이다.

004

과학과 종교의 분리 독립 운동가 굴드

굴드(Stephen Jay Gould, 1941~2002)는 탁월한 통찰과 해석을 통하여 진화와 다윈에 대한 우리들의 질문의 폭과 깊이를 획기적으로 넓혀준 과학자이다. 굴드가 세상을 떠났을 때, 〈뉴욕 타임즈 *The New York Times*〉(2002년 5월 21일자)는 '진화론이 활기를 띠게 한 스티븐 제이 굴드 별세'라고 소개했다. 여기에서 굴드는 20세기 진화생물학자 가운데 가장 영향력 있는 학자 가운데 속하며, 다윈(Charles Darwin, 1809~1882) 이후 가장 유명한 인물일 것이라고 소개되고 있다. 이런 표현은 과장된 것이 아니다. 고생물학자이면서 진화생물학자로 활동했던 굴드는 1967년 이후 하버드 대학교의 지질학과 교수와 동물학과 교수로 봉직했다.

굴드는 사회와 역사라는 정황 속에서 과학을 보고 과학의 내부와 과학의 외부를 면밀히 관찰했다. 그 결과 굴드는 과학의 영역이 모든 것을 지배할 수 없다고 생각한다. 그래서 굴드는 과학과 진화론 내부의 모든 환원주의(reductionism)를 거부한다.[1] 예를 들면, 종교라는 영역은 과학의 영역 외부에 있다고 주장한다. 그리고 굴드에게 종교라는 영역은 과학이라는 영역만큼 인간에게 중요하다.

굴드는 자연의 모든 사건은 크게 두 가지로 분류될 수 있다고 생각한다:

(1) 반복 가능하고 예측 가능한 사건

(2) 유일하게 발연적인 사건(uniquely contingent events)

(1)의 사건에는 보편성이 포함되어 있다. 반면 (2)의 사건에는 무작위성과 카오스가 포함되어 있다는 것이다.[2] 굴드는 두 사건의 유형이 동등하게 중요하다고 주장하며 '역사의 발연성'(history's contingency)을 강조한다.

굴드의 과학 에세이는 참신한 메시지와 진솔한 설득력을 지닌 명문으로 다양한 독자층의 사랑을 받는다. 예를 들면, 독자들을 위하여 굴드는 자연사박물관이 발간하는 잡지 〈자연사 *Natural History*〉에 1974년부터 2001년까지 무려 300회에 달하는 탁월한 과학 에세이를 연속으로 남겼고, 그 중 상당수의 글들은 단행본들로 묶여 발간되어 베스트셀러가 되었다. 굴드가 남긴 저술 가운데, 특히 『다윈 이후』(*Ever Since Darwin: Reflections on Natural History*, 1977)는 20세기의 고전으로 불리기에 손색이 없으며[3], 『판다의 엄지』(*Panda's Thumb*, 1980)[4], 『인간에 대한 오해』(*The Mismeasure of Man*, 1981)[5], 『생명, 그 경이로움에 대하여』(*Wonderful Life: The Burgess Shale and the Nature of History*, 1989)[6] 등의 명저들도 저명한 출판상을 수상한 검증된 수작에 속한다.

굴드의 과학적 업적을 요약하면 다음과 같다. (1) 가장 잘 알려진 업적은 '단속 평형 이론'(punctuated equilibrium theory)이다. 하버드 대학원 시절부터 함께 공부했던 동료 교수 엘드리지(Niles Eldredge)와 공동으로 발표한 이 이론에 따르면, 가장 중요하다고 할 수 있는 진화적 사건은 짧은 기간에 발생하는 종분화(speciation) 과정에 의해 일어났다.[7] 이 이론은 오랜 기간에 걸쳐 점진적으로 진화가 일어났다는 기존의 학설과는 다른 혁명적인 주장이었다. 그러므로 급격히 일어난 진화적 변화는 그 이전 시대의 화석과 연결되지 않는다. 굴드에 의하면, 특정한 시기(캄브리아기)의 새로운 종의 출현은 급격한 진화적 변화에 의해서 일어난 사건이다. 굴드의 단속 평형 이론은 주류 진화론 내부에 의미 있는 논쟁을 불러일으켰

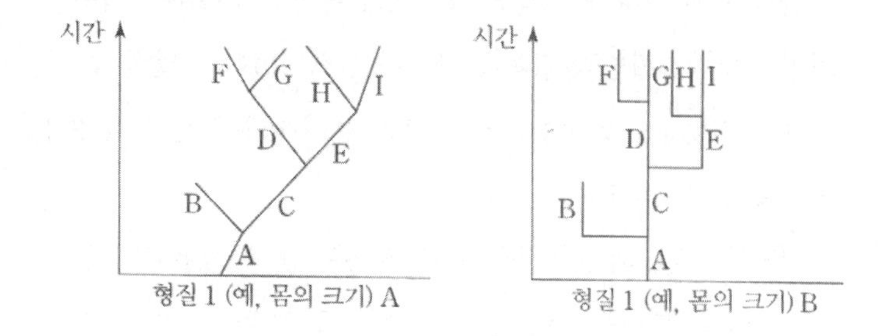

점진형 진화(A) 대 단속평형 진화(B): A는 점진적으로 종이 분화됨을 보여주는 계통적 점진형 모델(phyletic graduation)이다. B는 종이 급속히 분화한 후 조상의 종은 크게 변하지 않고 유지됨을 나타내는 단속평형 모델(punctuated equilibrium)이다.

고, 고생물학적 관점을 고려하지 않을 수 없도록 중요한 통찰을 제공했다.[8]

(2) 다음으로 굴드의 대표적 과학적 업적은 "부산물 이론"이라고 할 수 있다. 다수의 유기체 형질은 '적응'(adaptation)이라는 진화의 의도된 결과가 아니라 진화의 부산물(by-products)이라는 것이다. 굴드는 하버드의 생물학자 르원틴(R. Rewontin)와 공동으로 부산물 개념을 성당 건축의 '스팬드럴'(spandrels)에 비유한다.[9] 여기에서 굴드는 스팬드럴이 고유한 기능을 가진 것이 아니라 성당 내부 기둥 아치의

부산물로 생긴 것처럼, 많은 유기체의 형질도 처음부터 기능을 가진 '적응'의 필연적 결과가 아니며 선택되었다고 말할 수 없음을 주장했다. 굴드에 의하면 모든 유기체의 형질이 적응적 목적을 위해 존재하는 것은 아니다.

우리는 굴드의 글을 통해서 그가 생각한 종교와 과학의 의미와 관계의 모델을 찾아 볼 수 있다. 이를 위해서는 특히 『영원한 반석』(*Rocks of Ages: Science and Religion in the Fullness of Life*, 1999)에서 강조된 굴드의 입장과 주장을 살펴 볼 필요가 있다.[10] 또한 종교와 과학의 문제를 다룬 굴드의 에세이 "비중첩 교육권역"(Nonoverlapping Magisteria, 1997)[11]과 "자칭 재판관에 대한 탄핵"(Impeaching a Self-Appointed Judge, 1992)[12] 등에서 논의된 내용들도 확인해 볼 필요가 있다.

굴드와 종교

굴드는 특정 종교를 믿지 않으며, '불가지론자'라고 스스로를 정의하고 소개한다.[13] 여기에서 불가지론이란 정말 알 수가 없다는 전제에서 나온 합리적 입장으로서의 개방적 회의주의를 의미한다. 굴드는 뉴욕의 유대인 가정에서 태어나고 자랐다.

굴드의 『영원한 반석』 표지

어린 시절에는 자연스럽게 유대교의 종교와 문화를 경험한 바가 있다. 그러나 굴드는 유대교 내의 종교적 교육을 받지 않았다. 굴드의 부모도 유대 역사와 문화에 대한 자부심을 가지고 있었으나, 유대교의 신학이나 신앙은 모두 포기했다고 한다.

그럼에도 불구하고 굴드는 종교를 상당히 존중한다. 뿐만 아니라, 종교라는 주제는 자신을 매료시킨다고 고백하기도 한다. 굴드가 이렇게 말하는 이유는 일종의 역사적 역설에 기인한다. 즉 종교의 부정적인 면과 긍정적인 면을 반영한다. 굴드에 의하면, 종교의 매력은 조직화된 종교가 서양의 역사를 통해서 보여준 잔혹한 악행과 종교적 인간이 보여주는 대단히 감동적인 선행의 역설 때문이라는 것이다. 여기에서 굴드는 종교와 세속적 권력의 결탁할 때 죄악이 존재한다고 믿는다.

굴드는 종교를 진화의 부산물로 해석한다. 즉 진화적 과정에서 의도된 결과나 적응의 결과가 아니라는 것이다. 굴드에 의하면, 종교는 적응(adaptation)이 아니라 일종의 굴절적응(exaptation)으로 나타난 셈이다. 굴드에게 종교는 진화의 스팬드럴(spandrels)로 비유될 수 있다. 그러므로 종교란 단지 유전자 또는 집단 단위의 자연선택의 결과라고 볼 수 없다.

비중첩 교육권역

굴드가 제시하는 과학과 종교의 관계 모델은 '비중첩 교육권역'(Nonoverlapping Magisteria, 이하 NOMA)이다.[14] 여기에서 굴드가 사용하는 '마기스터'(*magister*)는 가르치는 선생을 뜻하는 라틴어 용어이다. '마기스테리움'(*magisterium*)은 교육의 권리 영역(domain of authority in teaching)으로 정의될 수 있다. 굴드는 과학과 종교가 하나가 되거나 종합되어야 하는 방법을 알 수 없다고 주장한다. 동시에 그는 과학과 종교가 갈등을 겪어야 하는 이유를 이해할 수 없다고 주장한다.[15] 굴드에게 과학과 종교는 두 개의 아주 다른 주제이기 때문이다. 예를 들면, 과학의 영역은 인간의 (1)목적, (2)의미, (3)가치의 영역에서의 문제를 조명할 수는 있으나 해결할 수는 없다.

과학과 종교는 두 개의 독립적인 '교육권역'(*magisteria*)이다.[16]

(1) 과학은 경험적 영역을 담당한다.

(a) 사실: 우주는 무엇으로 구성되었는가?

(b) 이론: 왜 이런 방식으로 작동하는가?

(2) 종교는 궁극적 의미와 도덕적 가치에 대한 질문을 담당한다.

굴드의 비유에 의하면, 과학은 '암석의 연대'(the age of rocks)를 다루고 종교는 '영원한 반석'(the rocks of ages)을 다룬다. 여기에서 영원한 반석이란 기독교에서 사용되는 그리스도에 대한 표현이다.

굴드에 의하면 과학이란 교육권역과 종교라는 교육권역 사이에는 중첩이 없다. 그러므로 두 교육권역 사이에는 갈등이 있을 수 없다는 것이다. 이러한 원칙을 굴드는 '비중첩 교육권역 원칙'(NOMA principle)이라고 명명한다. 과학과 종교의 갈등을 향한 굴드의 분리 독립 선언이다. NOMA는 단지 외교적 해결책이 아니라 도덕적인 근거와 지적인 근거 위에서 이루어진 입장이다.

만약 과학과 종교 사이에 갈등이 있었다고 한다면 그것은 실재적인 갈등일 수 없다. 굴드는 역사적 분석을 통하여 과학과 종교의 갈등은 참이라고 할 수 없음을 밝히고 있다(『영원한 반석』). 그 결과 과학과 종교의 교육권역은 다음과 같이 이해되어야 한다는 것이 굴드의 논지이다.

(1) 과학의 교육권역과 종교의 교육권역은 동등한 지위를 가진다.

(2) 과학의 교육권역과 종교의 교육권역은 독립되어 있다.

결국, 굴드는 과학과 종교를 분리되고 독립 상태에 있는 다른 교육권역으로 정의한다. 여기에서 과학과 종교 사이에 중첩되는 부분은 없다. 그러므로 중첩으로서의 갈등도 두 교육권역 사이에는 존재할 수 없다. NOMA의 원칙을 지키기 위해 굴드는 과학과 종교의 혼합주의(syncretism)에 반대한다. 여기에서 혼합주의는 두 가지로 나누어 이해될 수 있다.

(1) 중첩의 영역을 최대화하는 최대주의적 혼합주의

(2) 중첩의 영역을 최소화하는 최소주의적 혼합주의

굴드에 의하면 혼합주의는 종교와 과학 사이의 관계에 왜곡을 가지고 올 위험이 있다. 예를 들면, 굴드는 "자칭 재판관에 대한 탄핵"을 통하여 다음과 같이 다윈주의와 무신론의 철저한 분리를 강조한다.[17]

(1) 다윈주의가 필연적으로 무신론이라고 단정하는 입장은 오히려 반진화론적 작업이다.

(2) 과학은 신의 존재를 증명할 수도 없고, 반증할 수도 없다. 과학은 종교와 다른 영역이다.

굴드는 과학적 지식과 무신론적 믿음을 동일화하는 경솔함을 진정으로 우려하고 있다. 굴드가 보기에, 인간이 자연을 해석하는 접근 방식에는 무신론적 접근도 가능하고 유신론적 접근도 가능하다. 그러나 정작 자연이 무신론이나 유신론 중 하나만을 요구하거나 거부한다고 할 수는 없다.

굴드의 지론인 비중첩 교육권역(NOMA)의 결론은 다음과 같이 요약될 수 있다.

(1) 세계의 데이터로서의 사실에서 도출된 결론은 과학의 교육권역이 담당하는 범주에 포함된다. 그러므로 종교가 명령하거나 가르칠 수 없다.

(2) 인간의 도덕적인 진리와 연관된 높은 수준의 통찰은 종교의 교육권역이 담당하는 범주에 포함된다. 그러므로 과학이 참견하거나 가르칠 수 없다.

굴드에 의하면, 다윈이 런던의 웨스트민스터 대성당(Westminster Abbey)에 묻혔다는 역사적 사실은 NOMA 원칙을 잘 보여주는 좋은 사례이다. 영국의 과학자를 대표하는 다윈은 영국에서 종교적으로 가장 신성한 장소에 묻혔다. 즉 과학의 교육권역과 종교의 교육권역은 중첩되지 않으며, 따라서 충돌이나 갈등의 이유는 전혀 없는 것이다. 굴드는 다윈의 장례식을 위해서 브리지(Mr. Bridge)가 작곡한 장례 성가와 성구(잠언 3:13-17)의 선택을 극찬하며, 다음의 성서 구절이 추가되기를 희망한다.[18]

> "지혜는, 그것을 얻는 사람에게는 생명의 나무이니, 그것을 붙드는 사람은 복이 있다"(구약성서 잠언 3:18 새번역).

여기에서 '생명의 나무'(a tree of Life)는 다윈의 진화론을 잘 요약해주는 '생명의 나무' 개념에 대한 훌륭한 비유가 아닐 수 없다.

과학적 진화론과 기독교 신앙

굴드는 자신의 글 속에서 늘 과학과 종교를 존중했다. 예를 들면, 최고의 다윈 전문가로 불리는 굴드는 페일리(William Paley, 1743~1805)를 다루면서 페일리의 기독교 신앙이나 자연신학의 논리를 무시하고 조롱하는 논조나 기색이 전혀 없다. 이런 점은 여느 진화론자들이 페일리를 다루는 방식과는 정말 확연하게 다르다. 굴드는 페일리의 자연신학이 다윈에게 준 영향과 문제의식과 동시에 다윈이 해결한 부분을 '비중첩 교육권역'(NOMA)의 원칙을 충실히 지키면서 공정하고 논리적인 방식으로 다루고 있다. 이러한 굴드의 태도는 "다윈과 페일리, 보이지 않는 손을 만나다" 등의 글을 통해 누구나 확인할 수 있다.[19]

굴드는 자신의 삶 속에서도 과학과 종교를 모두 존중했다. 굴드의 다음 이야기를 통해서 우리는 굴드의 말이 그의 생활과 다르지 않았음을 확인할 수 있다.[20] 하루는 하버드 대학의 한 신입생이 굴드를 찾아와서 물었다. 그는 매우 성실하고 진지한 학생이었다고 한다.

"굴드 교수님, 신과 진화론을 동시에 믿는 것이 정말 불가능한 일인가요?"

그 학생은 독실한 기독교인으로서 진화론을 전혀 의심하지 않았다고 한다. 그러나 기숙사의 룸메이트가 기독교인이면서 동시에 진화론자가 되는 것은 불가능하다고 하도 강력하게 주장했기 때문에 제기된 질문이었다. 이 질문에 대하여 종교적 불가지론자인 굴드는 독실한 기독교인 학생에게 진화론은 옳으며 동시에 기독교 신앙과 온전히 양립할 수 있다고 재확인시켜 주었다.

굴드는 비중첩 교육권역(NOMA)의 원칙이 긍정적인 면과 부정적인 면을 모두 가지고 있음을 부정하지 않는다. 굴드가 기대하는 바, 과학과 종교 서로가 겸손한 태도를 취할 때 다양한 관심들이 교차하는 세상에서 중요한 결실을 얻을 수 있다는 것이다. 그래서 서로를 존중하는 논의가 이루어지기 위해서는 NOMA의 원칙이 필요하다는 것이다. 굴드는 만약 인간에게 특별한 점이 있다면, 신중히 생각한 다음에 말을 하는 유일한 생물로 진화했다는 점이라고 본다. 이를 근거로 굴드는 다음과 같은 성서의 구절을 우리에게 멋지게 다시 선사한다(신약성서 요한복음서 1:1).[21]

"*in principio, erat verbum*"

(태초에 말이 있었습니다).

005
과학과 종교 통합의 개척자 바버

현대 과학과 종교의 통합의 운동을 개척한 물리학자 이안 바버(Ian Barbour, 1923~2013)는 말한다.

"과학과 기독교 양 진영의 대화에 참여하는 사람들은 각 진영의 한계를 인지하고 있으며 어느 한 진영이 모든 해답을 가지고 있다고 주장하지 않습니다."

오늘날 과학과 종교의 대화는 다양한 주제를 다루고 있다. 이 대화는 진행형이다. 그런데 현재의 대화가 자연스럽게 이루어질 수 있었던 것은 생각만큼 오래되지 않았다. 가령, 미국의 경우 1960년대만 해도 과학과 종교의 대화를 금기시하는 것이 일반적인 분위기였다. 과학과 종교의 대화 노력은 종종 무의미한 시도로 치부되었던 것이다.

이 시기의 척박한 풍토에 젊은 물리학자 이안 바버는 용감

하게 과학과 종교의 대화를 주창하며 그 운동을 시작한다. 그는 20세기에 과학과 종교 사이에 대화의 씨앗을 뿌린 개척자이다. 양자의 대화를 위한 농사는 시간이 흐를수록 넓게 채택되고 의미 있는 결실을 맺어 가고 있다.

바버는 현대 과학의 양자물리학 등 중요한 결실들을 바탕으로 종교와 과학의 대화를 개척한다. 그의 1966년 기념비적 저작『과학과 종교의 논제』는 현대 과학과 종교의 체계적인 대화를 시작하는 서곡이었다.[1] 그는 물리학자로서 과학과 종교의 통합을 사명으로 알고 반백년 이상을 헌신하고 있다.[2] 그런 이유로 바버는 신학자들의 친구이고 동시에 과학자들의 해석자로 평가받는다.[3]

신학자들의 친구, 과학자들의 해석자

바버는 중국 베이징에서 출생했다. 그의 부모님은 기독교 선교사로 옌칭 대학교에서 가르치는 일을 하고 있었다. 바버의 형에게 건강상의 문제가 생겨서 가족은 미국으로 돌아올 수밖에 없었다고 한다. 바버는 14세까지 고국이 아닌 이국의 풍토에서 살았던 것이다. 이러한 그의 인생 경험은 과학과 종교라는 두 풍토를 이해하고 연결하는 자산이 된 것 같다.

이안 바버와 저자

미국에 돌아온 바버는 물리학을 전공했는데, 대학원 시절에는 저명한 양자물리학자 페르미(Enrico Fermi) 교수의 연구를 도우면서 공부했다. 1950년 바버는 시카고 대학교에서 고에너지 물리학 전공으로 박사 학위를 받는다. 그는 졸업 후 칼라마주 대학의 교수로 임용된다. 그런데 물리학 교수가 된 바버는 종교와 과학의 관계에 대한 깊은 관심을 갖는다. 이 관심은 그의 인생행로를 바꾸어 놓았다. 1953년 바버는 예일 대학교 신학대학원에 입학하여 종교와 윤리를 공부한다. 신학대학원을 마치기 전 바버는 미네소타 주 칼리튼 대학(Carleton College)으로부터 물리학 교수이자 종교학 교수로 초빙을 받게 된다.

1955년 칼리튼 대학에서 물리학과 종교학을 가르치기 시작한 바버는 학생들이 서로의 분야에 대해 상당히 많은 오해를 품고 있다는 것을 발견하고 매우 놀란다. 이에 바버는 학생들은 물론이고 일반인들을 위해서 과학과 기독교를 둘러싼 논쟁을 다루는 방법을 제시하고자 시도한다.

1966년 바버의 저작『과학과 종교의 논제』가 나온 뒤, 그는 자연스럽게 현대 과학과 종교의 가교를 놓는 인물로 부각된다. 이 책은 '과학과 종교'를 새로운 학제적 전공분야로 인식시킨 명저로 평가받고 있고 여러 대학에서 교재로 사용되었다.

1974년 바버는『신화, 모델, 패러다임』을 통해 과학과 종교에서 필요한 모델을 이해하는 방법을 보여주었다.[4] 이 책을 통해서 바버는 상징과 신화의 논리, 과학에서의 모델과 패러다임, 종교에서의 모델과 패러다임을 분석하고 비교한다. 이 결과에 따르면 과학과 종교의 상호보완적인 모델은 필요하고 가능하다. 여기에서 바버는 수학과 종교의 모델을 통합한 화이트

헤드(A. N. Whitehead)의 과정 모델(process model)에 주목하며 과학과 종교 두 분야의 모델이 통합 가능하다고 기대한다.

1989~1991년에 바버는 스코틀랜드 애버딘 대학교(University of Aberdeen)에서 기포드 강연을 한다. 이 강연을 토대로 해서 저술된 책이 『과학 시대의 종교』이다.[5] 1999년 바버는 종교계의 노벨상으로 불리는 템플턴 상을 수상한다. 과학과 종교 두 세계의 대화를 위한 그의 노력이 인정받은 결과였다.

과학과 종교의 모델

새로운 학제적 전공 분야가 된 '과학과 종교'를 공부하는 학생들과 관심을 가진 일반 지성인들이 가장 많이 읽고 언급하는 책은 바버의 『과학과 종교』[6]와 일반 독자를 위한 요약판 『과학이 종교를 만날 때』[7]일 것이다. 이 책들은 이 분야에서 일종의 고전이고 교과서이다. 여기에서 바버는 현재 가장 많이 알려진 과학과 종교의 모델을 제시했다.

(1) 갈등(conflict): 갈등하는 과학과 종교의 관계 모델
(2) 독립(independence): 분리하는 과학과 종교의 관계 모델

(3) 대화(dialogue): 대화하는 과학과 종교의 관계 모델

(4) 통합(integration): 통합하는 과학과 종교의 관계 모델

(1)의 유형에는 성서문자주의자들, 창조과학주의자들, 무신론적 과학주의자들, 무신론적 유물론자들이 포함되어 있다. 주장하는 바가 이데올로기 또는 도그마 수준에 이르면 갈등 유형에 해당되기 쉽다.

(2)의 유형에는 과학과 종교를 두 가지 별개의 독립 영역으로 여기는 입장이 포함된다. 여기에서는 과학과 종교의 직접적인 충돌이나 갈등을 피할 수 있다. 그러나 동시에 공통의 요소를 인정하지 않기 때문에 의미 있는 대화는 불가능하다. 프로테스탄트의 신정통주의를 따르는 종교인들이나, 굴드의 NOMA (Non-Overlapping Magisteria) 원칙을 따르는 과학자들이 포함된다.[8]

(3)의 유형에는 과학과 종교는 대화 관계의 모델 내에 있다고 주장하는 입장이 포함한다. 대화 관계의 모델을 주장하는 사람들은 과학과 종교의 전제, 방법, 개념의 유사성에 주목하고 건설적인 대화를 시도한다. 과학 분야에서 제기된 한계질문 (limitation question)과 경계문제(boundary problems)에

서 의미 있는 대화가 가능하다.[9] 우주의 기원과 종말, 생명, 관찰자의 역할과 의미, 시간의 의미, 공간의 의미, 물질의 의미, 차원의 문제 등이 여기에 포함된다.

(4)의 유형에는 과학과 종교의 통합 관계 모델을 주장하는 입장이 포함된다. 이 유형에서는 대화 모델의 유형을 넘어서 하나의 세계관을 추구하거나 체계적인 융합을 시도한다. 인간주의 원리(anthropic principle), 발연성(contingency), 자기조직화(self-organization), 하향식 인과론(top-down causation) 등의 주제가 여기에 포함된다.

바버는 통합 모델에 속한다. 그는 과학과 종교 사이에서 좀 더 체계적인 통합을 추구한다. 바버의 이러한 접근은 과학을 통하여 과학 내에서 신의 존재를 증명하려는 접근과는 구분된다. 즉 바버는 '자연신학'(natural theology)을 넘어서야 한다고 주장한다.

자연을 연구하는 신학

자연신학을 넘어서기 위해서는 먼저 신학적 입장과 신학적 전통에서 출발해서 자연을 이해하고 연구해야 한다. 바버에 따르면 이때 과학적 이론에 비추어 재조정될 필요가 있다. 바버는 이러한 접근을 '자연을 연구하는 신학'(theology of nature) 이라고 정의한다. 여기에서 바버는 신의 존재를 연구의 주제라고 생각하지 않고 연구의 전제라고 여긴다. 전제는 논쟁이나 증명의 대상이 아니다.

바버는 자연을 연구하는 신학 내에서 철학적 통합도 가능하다고 생각한다. 예를 들면 화이트헤드의 과정철학은 자연을 연구하는 신학에서 활용될 수 있다는 것이다. 이러한 결과로 바버는 신이 각기 다른 실체들(entities)의 구조와 창의성을 고려하여 각 실체의 자기 창조를 이끌어 낸다고 주장한다.

바버는 현대 과학의 이론에 근거하여 신의 모델을 다양화한다. 예를 들어, 비결정성(indeterminacies)을 결정하는 신의 모델, 정보를 소통하는 신의 모델, 창조적으로 참여하는 신의 모델 등이 좋은 예에 해당한다. 바버에게 신은 자신을 비우고 낮추고 죽기까지 함께하는 존재이다. 그러므로 바버의 신은 세계의 고난에 동참하는 신이다.

여기에서 바버는 세계와 신의 상호성(reciprocity)을 강조한다. 신은 세계를 향한 새로움의 근거이면서 동시에 세계로부터 영향을 받는다. 바버는 신이 모든 시공간 내에 활동하면서 동시에 초월한다고 고백한다. 신의 초월성은 시간에 대한 '영원성'을 의미하고, 신의 상호작용적 활동은 '시간성'을 의미한다.

이러한 통합적 작업을 통해서 바버는 현재의 세계가 당면하고 있는 다양한 윤리적 문제들을 고민하고 풀어갈 수 있다고 믿으며 실천한다.[10] 이것은 과학과 종교의 외향적 공헌이 될 수 있다. 다른 한편, 자연을 연구하는 신학이야말로 종교 내부를 성찰하고 재형성하는 계기이다. 이것은 과학과 종교를 위한 내재적 공헌이 될 수 있다.

006

과학 시대의 종교를 리모델링하는 폴킹혼

양자물리학자이면서 과학신학자인 존 폴킹혼(John Polking-horne, 1930~)은 다음과 같이 말한다.

> "우주는 통합된 세계입니다. 우주의 이해가능성(intelligibility)과 무모순성(consistency)은 신의 말씀이 현현된 것입니다."[1]

1850년대까지만 해도 영국의 대학에서 모든 과학자는 기독교인이었다. 오늘날 무신론자들이 보기에는 이해하기 어려운 현상일 수도 있겠으나, 19세기 중반까지 경험주의(empiricism)를 대표하는 영국 사회에서 과학자가 기독교인 것은 아주 자연스러운 일이었다.

케임브리지 대학의 수리물리학자, 케임브리지 대학의 과학신학자, 기독교 성직자, 세계 과학과 종교 학회 창립자, 종교계의 노벨상이라 불리는 템플턴 상 수상자, 과학과 기독교의 공명을 보여주는 저작들의 저자이자 강연자, 영국 사회가 존경하는 과학자이자 성직자 등 다양한 칭호로 불리는 사람이 있다. 그가 바로 존 폴킹혼 경이다.

폴킹혼은 현재 과학자이면서 신학자인 사람들을 대표하는 인물이다. 그는 20세기 양자물리학의 역사에서 중대한 공헌을 남긴 디랙(Paul Dirac, 1902~1984)의 제자이다.[2] 그래서 양자물리학에 관한 다큐멘터리에 등장하여 인터뷰하는 폴킹혼의 모습을 종종 볼 수 있다. 폴킹혼은 양자물리학을 소개하는 책을 저술하여 대중에게 봉사한다. 예를 들면, 프린스턴 대학 출판부에서 펴낸 소책자 『양자세계』와 옥스퍼드 대학 출판부에서 소개서 시리즈로 펴낸 소책자 『양자이론』이 그가 일반인을 위해 저술한 책이다.[3]

폴킹혼은 25년 동안 케임브리지 대학의 물리학자로 알려져 있었고, 입자물리학 분야의 공로를 인정받아 1974년 영국 왕립학회의 회원이 된다. 그는 1997년 기사 작위를 받았고, 영국 정부는 '유전자복제 윤리위원회'를 출범시키며 위원장으로 폴킹혼을 위촉한 바 있다. 이런 일은 영국 사회에서 그의 위상을 보여주는 좋은 사례이다.

물리학자에서 성직자로

"오 주님, 주님의 창조, 그 놀라운 풍요와 질서를 찬양합니다. 과학을 통해 우주의 역사와 방식을 발견하게 하심을 찬양합니다. 그리고 창조주로서 일하신 주님의 손을 볼 수 있는 통찰을 주심을 찬양합니다."[4]

폴킹혼은 케임브리지 대학에서 수학을 전공했고, 대학원에서 수리물리학을 전공하여 박사 학위를 받았다. 기독교 가정에서 자랐고, 일요일에는 늘 교회에 출석하였던 폴킹혼이었지만, 그가 진정한 회심의 사건을 경험했던 것은 케임브리지 대학에 입학한 첫 주에 기독학생연합집회에 참석하였을 때라고 한다.

폴킹혼은 기독학생회 활동에 적극적으로 참여하면서 한 가지 의문을 품는다. 그것은 그리스도에 대한 보수적인 복음주의 문화가 선사하는 장점과 단점으로부터 초래된다.[5] 예를 들면, 보수적인 복음주의 문화는 그리스도에 대한 헌신과 성서에 대한 사랑을 가르쳐 주지만, 다른 한편으로는 기독교가 지녀 온 다양성과 문화에 대한 연관성에 제한된 견해를 갖도록 한다. 이런 물음은 폴킹혼이 과학자이면서 성직자로 살아가는 데 중요한 성찰의 계기가 된다.

폴킹혼이 존경을 받는 이유 가운데 하나는 그가 케임브리지 대학의 수리물리학 교수로서 황금기인 50세를 앞두고 성직의 길을 시작했다는 결단과 실천에 있다. 성직의 길을 가기 위해 그는 25년간 종사했던 물리학 교수직을 떠난다. 폴킹혼이 종교적 결정을 내릴 때 큰 도움을 준 사람은 아내 루스 마틴(Ruth Martin)이었다고 한다.

1979년에 폴킹혼은 케임브리지에 있는 웨스트코트 하우스 성공회 신학교에 입학한다. 이때 그는 가장 나이가 많은 학생이었고 학장보다 연장자였다. 신학교를 졸업하고, 1982년 성직 안수를 받은 폴킹혼은 교회에 부임하여 목회 활동을 시작한다. 이때부터 그는 과학과 기독교에 대하여 사색하고 글을 쓰는 것이 신이 자신에게 주신 소명의 중요한 부분임을 깨닫는다.

1986년 폴킹혼은 케임브리지의 트리니티 채플의 교목으로 초청되고, 1988년에는 케임브리지 대학 퀸즈 칼리지(Queens' College)의 학장으로 초빙되어 과학자와 성직자로서 과학신학이라는 새로운 일에 종사할 수 있게 된다.

폴킹혼의 과학신학 저술은 다양한 분야의 과학자들과 신학자들과의 진지한 대화를 통하여 광범위하고 깊이 있게 이루어졌다는 점에서 중요한 의미가 있다.[6] 『세계가 존재하는 방식』으로 시작된 그의 과학신학 저술은 두 가지 방향을 가진다. 첫째, 자신의 과학과 신학의 동료들을 향하여 매우 전문성이 높은 글을 통해서 진행된다.[7] 둘째, 누구나 쉽게 읽어 볼 수 있는 평이한 글을 통해서 진행된다.[8]

과학과 종교의 공명

폴킹혼은 자신의 입장이 과학과 신학의 통합(integration)보다는 공명(consonance)에 가깝다고 생각한다.[9] 여기에서 통합이 과학과 신학의 일치성을 강조하는 것이라면, 공명은 과학과 신학의 자율성을 강조하는 것을 의미한다. 그는 어떤 경우에도 과학과 신학의 고유한 특성과 독립성이 훼손되는 것을 반대한다. 통합이란 명분하에 과학과 신학 내에서 어떠한 부당한 제약이나 희생도 발생되지 않아야 한다고 주장한다.[10]

폴킹혼은 과학과 신학의 대상(objects)들이 실재한다고 주장한다. 예를 들면, 그에게 신은 실재(reality)이다. 즉 생각이 만들어낸 대상이 아니다. 물리세계의 대상이나 수학적 세계의 대상과 마찬가지로 신은 실재한다.

그러나 그의 이러한 입장은 고전적 실재론(classical real-

존 폴킹혼과 저자

ism)과는 구별된다. 고전적 실재론이 대상에 대한 인식의 다양한 가능성을 제한한다면, 폴킹혼의 실재론은 대상에 대한 인식의 다양한 가능성을 전제한다. 이를 비판적 실재론(critical realism)이라 부른다.[11] 예를 들어, 고전적 실재론자에 따르면 실재로서의 신과 신에 대한 인식은 동일하다. 그러나 폴킹혼에 따르면 실재로서의 신을 이해하는 과정과 지식에는 여러 가지 모델이 있을 수 있다. 그는 이러한 자신의 과학신학 이론을 다음과 같은 명제로 만들어 주장한다.

"인식론이 존재론의 모델을 구성한다."[12]

이 명제를 입증하는 가장 좋은 예는 수학에서 찾을 수 있다. 수학은 물리적 대상을 다루지만, 수학 자체는 물리적 방법이 아니다. 수학은 추상적 모델이다. 즉 물리학은 물리적 대상을 다룰 때, 수학이라는 추상적 방법을 사용하여 이해하는 것이다. 여기에서 수학은 물리적 대상을 다루는 인식론으로서 존재론의 모델을 만든다.

신은 신학의 연구 대상이다. 신의 존재 문제를 다루는 학문은 인식론을 통해서 이루어지는 모델이다. 예를 들어, 신을 이해하기 위해서 인간에게는 반드시 이해를 위한 모델이 필요하다. 인간은 모델이 없이는 인식할 수 없다. 여기에서 모델이 인식론적 도구이다. 폴킹혼은 타당한 인식론을 통하여 과학과 신학에서 모두 신뢰받을 수 있는 존재론을 구축할 수 있다고 여긴다.

상향식 사고

폴킹혼이 제시한 인식론의 모델에는 '상향식 사고'(bottom-up thinking)가 포함되어야 한다. 여기에서 상향식이란 물리적 차원으로부터 정신적 차원에 이르는 현대 과학적 접근방법을 의미한다.[13] 그리고 현대 과학적 방법은 아주 작은 미시세계를 다루는 양자물리학의 이론과 결과들을 포함해야 한다.[14]

신학의 전통적인 인식론은 '하향식 사고'(top-down thinking)에 해당한다. 즉 전체에 해당하는 명제로부터 부분에 해당하는 명제들을 구성하고 적용했던 방식이다. 그러나 과학에서 기본이 되는 상향식 사고, 즉 (i) 부분에 대한 경험을 통하여 전체 결론에 도달하는 방법론, (ii) 물리적 차원에서 시작하여 생물학, 행동과학을 통과해서 문화적 차원에 이르는 방법론, (iii) 특별한 경우에서 시작하여 일반적인 사건을 이해하는 방법론을 신학에서 활용할 때 과학과 신학의 모델을 함께 토의하고 공동 작업도 할 수 있다.[15]

폴킹혼에 따르면, 상향식 사고에 의해 신학자가 자연과학의 연구 대상을 다룰 수 있다면, '자연을 연구하는 신학'(theology of nature)이 충분히 성립될 수 있다.[16] 폴킹혼은 과학과 신학이 '상향식 사고'를 통하여 (i) 고전주의적 실재론이 지닌 결정론의 한계를 극복할 수 있고, (ii) 구성주의적 인식론이 지닌 도구주의의 한계를 극복할 수 있다고 생각한다. 그 결과로 '비판적 실재론'(critical realism)이 완성될 수 있다고 생각했다.[17]

과학과 신학의 상동관계

폴킹혼은 추상적 수학에서 연구하는 대상을 실재하는 것이라 주장한다.[18] 동일한 논리에서 추상적 신학에서 연구하는 대상인 신은 실재이다.[19] 그러므로 신은 만들어지는 '발명'의 결과물이 아니라, 이해를 통한 '발견'의 대상이다. 그러므로 폴킹혼에게는 신의 존재에 대한 증명은 필요하지 않다. 실재는 이미 전제된 공리(axiom)이기 때문이다. 신은 과학과 신학에 의한(by) 증명의 대상이 아니라, 과학과 신학을 통한(through) 이해의 대상이다. 이해를 위해서는 다양한 모델이 필요하다. 그 모델을 제공하고 검증하는 것은 바로 과학과 신학이 해야 할 일이다.

폴킹혼에 따르면 과학과 신학은 합리적인 시스템이다. 그리고 두 시스템 사이에는 상동관계(homology)가 있다. 마치 외견상 인간의 팔과 새의 날개가 달라 보이지만, 구조적으로 보면 형태구조상 서로 관계가 있다는 것을 깨닫게 되는 것과 같다. 그는 과학과 신학이 가족 관계에 있다고 여긴다. 예를 들면, '비판적 실재론'은 과학과 신학 두 가지의 방법론을 포괄할 수 있는 개념이다.

폴킹혼은 현대 과학에서 탐구하는 대통일이론(grand unified theory)과 구조적으로 대응되는 신학적 문제는 삼위일체론(Trinity)이라고 해석한다. 양자이론에 따르면, 상호작용하는 입자들 사이에 놀라운 얽힘(entanglement)이 있다. 이를 EPR 효과라고 부른다. 이 효과는 공간적으로 아무리 멀리 떨어져 있다고 할지라도 입자들이 단일한 시스템으로 유지된 상태에서 상호작용을 한다는 것을 증명해 준다. 이 결과는 실험적으로 입증된 것이다. 즉 '분리 속의 공존'(togetherness-in-separation)이 자연의 속성에 포함되어 있다. 그러므로 폴킹혼은 물리적 세계가 삼위일체적 신과 대응관계에 있다고 해석한다. 신은 관계를 창조하는 실재이다.

폴킹혼은 인간이 죽음 이후의 삶을 믿는 것은 영원한 존재인 신과의 관계에 근거한다고 해석한다. 신은 인간을 우주의 쓰레기 더미에 버려두지 않기 때문이다. 그렇다면 죽음 이후에 인간은 어떤 상태인가? 폴킹혼은 일정한 정보(information)

또는 일정한 패턴(pattern)의 모델로 설명한다.[20] 정보와 패턴은 모두 추상적 실재이다. 죽음 이후에 인간이 패턴으로 존재한다면 물질과 시간과 공간의 제약으로부터 자유로운 단일체(unit)를 형성할 수 있다. 그렇다면 에너지 보존법칙이나 엔트로피의 법칙에서 자유로울 수 있다.

폴킹혼은 과학과 종교를 통해서 진리를 추구하는 일에 사명감을 가지고 종사하고 있다. 그에 따르면, 과학과 종교는 적이 아니라 함께 동행하는 벗이며, 이해를 위하여 공동의 접근방식을 함께 나누어 쓰고 있다. 폴킹혼은 과학자와 종교인을 향하여 과학과 종교가 가족 관계에 있음을 강조한다.[21]

> "'하나님께서 ~이 있으라 하시니…(창세기 1장)' 이 말씀은 진리의 신을 섬기고자 하는 그리스도인이라면 두려워함이나 주저함 없이 어떤 출처에서 오는 진리라도 환영해야 한다는 것을 논리적으로 보여줍니다. 이러한 열린 포용성 속에 포함된다면 그것은 틀림없이 과학의 진리입니다."

007

과학 혁명의 종교 지도자 코페르니쿠스

1543년『천구의 회전에 관하여』(*De Revolutionibus Orbium Coelestium*)란 제목의 논저가 출판되었다. 이 책은 역사상 가장 조용한 혁명으로 불리는 과학 혁명을 초래한다. 이 논저의 제목에서 유래한 '레볼루션(revolution)'이란 단어를 우리는 '혁명'의 의미로 사용하고 있다.

과학의 역사를 다루는 전문가들은 1543년을 근대 과학 혁명의 시점으로 평가한다.[1] 과학 혁명을 이끈 주인공은 폴란드 출신의 기독교 성직자 니콜라우스 코페르니쿠스(Nicolaus Copernicus, 1473~1543)이다. 코페르니쿠스의 혁명은 1400여 년간 지배해 오던 과학과 신학의 오류를 교정했다.

"모든 발견과 주장 중에서 인간의 정신에 코페르니쿠스의 이론보다 더 큰 영향력을 행사한 것은 없을 것이다."(괴테Johann Wolfgang von Goethe)[2]

코페르니쿠스의 학제적 배경

코페르니쿠스는 부유한 상인의 아들로 폴란드의 토룬(Torun)에서 태어났다. 아버지는 그가 열 살 때 작고했다. 그 후 외삼촌 바트젠로데(Lucasz Watzenrode)가 평생의 후원자로서 코페르니쿠스를 적극 도와주었다. 바트젠로데는 후에 주교가 된 성직자였다. 외삼촌의 후원으로 코페르니쿠스는 폴란드의 옛 수도였던 크라코프(Krakow)의 대학교에서 신학과 천문학 공부를 시작할 수 있었다.

코페르니쿠스는 바트젠로데의 권유에 따라 '교회법(Canon Law)'을 전공하기 위해 이탈리아의 볼로냐 대학으로 유학을 간다. 그런데 이 시절에 그는 수학자이자 천문학자로 유명했던 노바라(Domenico Mareia de Novara, 1454~1504) 교수를 만나 수학과 천문학에 새롭게 눈을 뜨게 된다. 여기에서 그는 당시에 하나의 절대적 진리로 받아들여지던 프톨레마이오스(Klaudios Ptolemaios)와 아리스토텔레스(Aristoteles)의 우주론이 지닌 한계를 깨달을 수 있는 경험을 한다.

코페르니쿠스는 신학과 수학 공부 외에도 파도바 대학에서 의학을 공부한다. 의학 공부를 마친 뒤에 1503년 페라라 대학에서 교회법 전공으로 박사 학위를 받은 후 주교의 부름을 받고 폴란드 북부의 프롬보르크로 돌아온다. 여기에서 그는 가톨릭 교구를 운영하는 참사회 위원(canonist)으로 행정 일을 하는 성직자가 된다. 그는 이제 의사, 법률가, 천문학자 그리고 수학자가 되어 고국의 교회로 돌아와 일할 수 있었다.

바트젠로데는 코페르니쿠스를 주교의 비서이자 주치의로 일을 하게 한다. 이것은 코페르니쿠스를 자신의 후계자로 키우는 일련의 과정이었다. 그러나 늘 가난한 사람들을 치료하는 코페르니쿠스는 촉망받는 비서직을 사임하고 과학 연구를 하기 위해 프롬보르크(현재 독일의 프라우엔부르크Frauenburg)의 교회로 돌아간다.[3] 이곳에서 그는 관측탑을 세우고 천체 관측과 연구에 본격적으로 집중하기 시작한다.

성직자로서의 코페르니쿠스는 교회의 맡겨진 일에 충실했다. 예를 들면, 그는 1523년에 임시 대주교로 선출되어 9개월 동안 일했다. 이런 사실은 그가 성직자로서의 능력을 인정받았으며 사람들의 신망이 높았다는 것을 잘 보여준다.[4]

중세의 과학과 신학

코페르니쿠스의 우주론이 나오기 전에는 아리스토텔레스(384~322 B.C.)의 이론과 결합된 프톨레마이오스(87~150)의 우주론이 서구의 지성사를 지배했던 유일한 진리였다. 아리스토텔레스의 물리학에 따르면, 우주에는 모든 것을 움직이게 하는 최초의 원동자(prime mover)가 존재해야 한다. 이집트 알렉산드리아의 수학자이자 천문학자 프톨레마이오스는 아리스토텔레스의 주장을 체계화하여 지구가 천구(heavenly sphere)로서의 우주의 중심이며, 다른 행성들과 별들이 주위를 원형으로 회전한다고 주장했다. 그에 따르면, 지구를 중심으로 태양, 달, 수성, 금성, 화성, 목성, 토성이 순서대로 원을 그리며 회전한다.

중세의 신학은 아리스토텔레스와 프톨레마이오스의 주장을 수용하여 신학적 자연관을 구축했다. 이 신학에 따르면, 신은 최초의 원동자로서 지구를 중심으로 우주를 운행한다는 것이다. 그리고 지구는 우주의 움직이지 않는 중심이라고 해석했다. 이때 교회와 신학자들이 근거로 인용한 성서의 구절은 다음과 같다.

- "세계도 굳건히 서서, 흔들리지 아니한다."(시편 93:1)
- "한 세대가 가고, 또 한 세대가 오지만 세상은 언제나 그대로다."(전도서 1:4)

- "태양아, 기브온 위에 머물러라!"(여호수아 10:12)

그러나 프톨레마이오스의 우주론과 교회가 사용하는 달력이 일치하지 않는 것이 문제였다. 달력은 교회력을 작성하는 중요한 기준이었으므로, 천문학적 불일치는 단지 과학만의 문제가 아니었다. 1514년 교황 레오 10세는 율리우스 달력에 근거한 교회력을 개정하기 위해서 코페르니쿠스에게 의견을 구했다.[5] 이미 교황은 코페르니쿠스의 『배열을 통해 본 천구의 운동에 관한 주석(*De hypothesibus motuum coelestium a se constitutis commentarolus*)』에 대한 전문가들의 찬사를 들었기 때문이다.[6]

코페르니쿠스는 『주석』을 통해 자신의 생각을 정리했다. 이것은 처음으로 태양 중심의 체계적 우주론을 보여준 논문이었다. 이 책자는 정식으로 출판된 것이 아니라 주위의 몇 사람에게 읽게 한 것이었다. 이 논문을 본 수학자들에 의해서 이론이 훌륭하다는 평가가 널리 퍼지게 되었던 것이고, 그 이야기를 교황 레오 10세까지 알게 된 것이다. 『주석』에서 코페르니쿠스는 지구가 우주의 중심이 아니라는 원칙과 우주의 중심은 태양의 중심 부근에 있다는 원칙을 제시했다.[7]

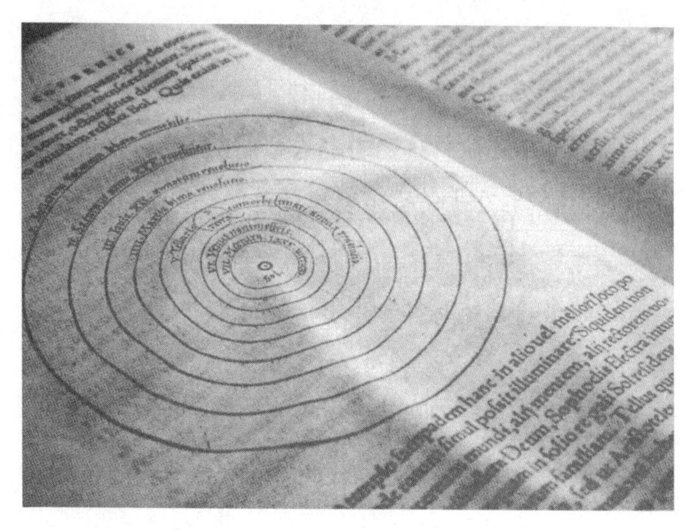

천구의 회전에 관하여

천구의 회전

1530년 집필을 시작한 후 13년이 지난 1543년 마침내 코페르니쿠스는 기념비적 저서 『천구의 회전에 관하여(*De Revolutionibus Orbium Coelestium*)』를 완성하여 출판한다. 독일의 뉘른베르크 인쇄소에서 만들어진 책이 폴란드에 있는 코페르니쿠스에게 전달된 날은 5월 24일이다. 코페르니쿠스는 책을 받아서 모두 읽어 본다. 그리고 그날 지구를 떠나 신의 품으로 돌아간다. 이제 지구는 우주의 중심이 아니다. 코페르니쿠스에 의해 지구는 자기 자리를 찾는다.

『회전』에서 코페르니쿠스가 주장한 내용 가운데 과학과 종교와 관련된 몇 가지 주목할 만한 내용은 다음과 같다.

(1) 수학자들을 독자로 설정

(2) 성서의 내용과 모순이 없음을 주장

(3) 교황과 수학자들에게 판단을 위임

(4) 우주가 신의 작품임을 전제

(5) 태양 중심의 모델로부터 우주의 비례와 조화를 발견

본래 코페르니쿠스는 출판을 망설였다. 사실 이 저서가 나오기까지 코페르니쿠스를 도와 결정적인 역할을 했던 사람은 그의 유일한 제자 레티쿠스(Georg Joachim Rheticus, 1514-1574)이다. 1539년 레티쿠스가 비텐베르크(Wittenberg) 대학으로부터 프롬보르크에 있던 코페르니쿠스를 찾아왔다. 레티쿠스가 66세의 코페르니쿠스를 찾아온 때는 그의 나이 25세였다. 레티쿠스는 2년 동안 코페르니쿠스와 함께 살면서 새로운 수학적 모델을 배우고 익혔다. 코페르니쿠스는 이 제자의 설득으로 출판을 결심하고 함께 원고를 교정하고 완성한다.

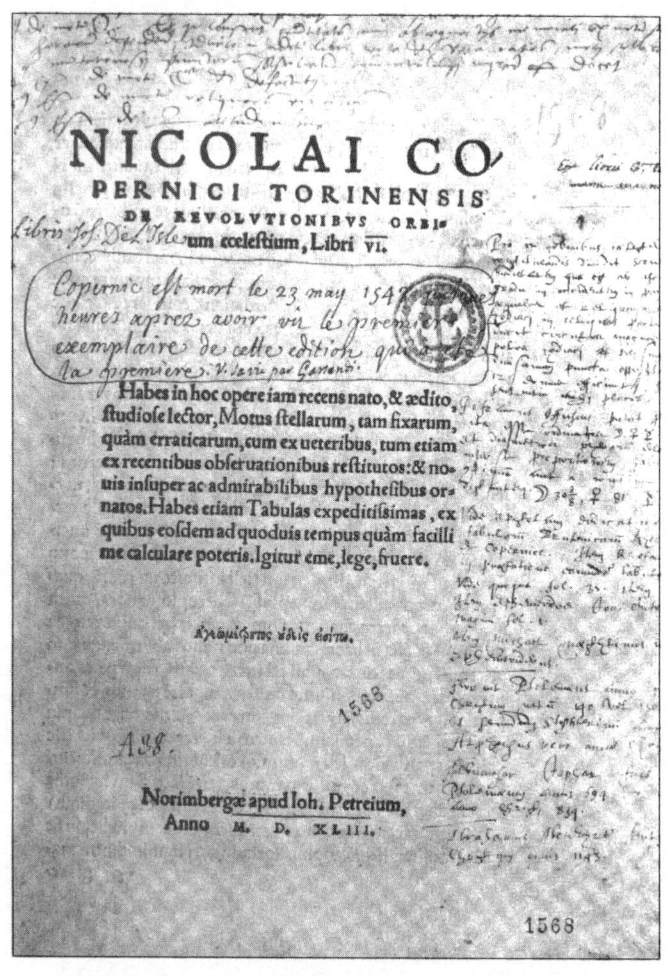

NICOLAI CO
PERNICI TORINENSIS
DE REVOLVTIONIBVS ORBI-
um cœleſtium, Libri VI.

Habes in hoc opere iam recens nato, & ædito, ſtudioſe lector, Motus ſtellarum, tam fixarum, quàm erraticarum, cum ex ueteribus, tum etiam ex recentibus obſeruationibus reſtitutos: & nouis inſuper ac admirabilibus hypotheſibus ornatos. Habes etiam Tabulas expeditiſsimas, ex quibus eoſdem ad quoduis tempus quàm facillime calculare poteris. Igitur eme, lege, fruere.

Ἀγεωμέτρητος οὐδεὶς εἰσίτω.

Norimbergæ apud Ioh. Petreium, Anno M. D. XLIII.

1568

『천구의 회전에 관하여』 초판본

과학 혁명과 종교 혁명

코페르니쿠스와 레티쿠스의 만남은 특별한 사건이다. 두 사람의 앞에는 종교적으로 거대한 장벽이 있었기 때문이다. 비텐베르크 출신의 수학자 레티쿠스는 루터교 신자였다. 비텐베르크 대학은 종교개혁의 주역 마르틴 루터와 필립 멜란히톤이 교수로서 직접 가르치던 종교개혁의 중심지였다. 특히, 멜란히톤은 레티쿠스의 스승이며 후견인이었다.[8]

반면, 코페르니쿠스가 있었던 지역은 폴란드 내의 루터파 게르만 기사단과 전쟁을 치룬 일 때문에, 루터교 신자들을 추방하고 루터교 서적이 금지된 가톨릭의 영역이었다. 더욱이 코페르니쿠스는 가톨릭의 주교까지 역임한 지도자였다. 그러니까 두 사람의 만남은 종교개혁의 첨예한 갈등과 위험 속에서 극적으로 이루어진 것이다. 신기하게도 루터와 멜란히톤의 제자 레티쿠스는 코페르니쿠스의 유일한 제자이다.

종교의 갈등을 초월한 스승과 제자의 협동 작업이 과학 혁명을 시작한다. 불행하게도 1616년 로마 가톨릭교회는 코페르니쿠스의 위대한 작품『천구의 회전에 관하여』를 금서로 지정한다.[9] 그러나 코페르니쿠스의 조용한 혁명은 이미 시작되었고, 그 혁명은 누구도, 어느 종교도 멈출 수가 없었다.

20세기의 천체물리학자들에게 '코페르니쿠스의 원리'라고 불리는 원리가 있다. 우주에서 우리만이 특별한 존재가 아니라는 의미를 담고 있다. 코페르니쿠스 이전 사람들은 대부분 지구가 우주의 중심에 있다고 생각했다. 그리고 지구의 인간이 우주의 중심에 있다고 주장했다. 그러나 코페르니쿠스의 원리에 의해 인간은 더 이상 우주의 중심에 있는 특별한 존재라고 생각할 수 없다는 것이다. 태양계의 중심은 지구가 아니라 태양이기 때문이다. 현대의 우주과학은 태양도 우주의 중심이 아님을 깨닫게 해준다.

역사적으로 살펴보면, 코페르니쿠스는 인간의 위상을 훼손하는 일에 동조한 적이 없다. 그의 고유한 세계관은 대단히 인간 중심적이었다.[10] '코페르니쿠스의 원리'라고 부르는 주장도 명백히 후대의 작품이다. 그러나 인간이 더욱 자신을 겸손하게 성찰하도록 돕는 코페르니쿠스의 혁명은 우리에게 늘 필요하다. 겸손했던 성직자 코페르니쿠스의 과학 혁명은 무엇보다 인간을 겸손하게 만드는 종교 혁명이었다.

008

과학과 종교를 모두 지킨 갈릴레오

근대 과학의 상징처럼 여겨지는 한 과학자가 참회자의 흰옷을 입고 종교재판 유죄 판결에 대하여 이단 포기 선서와 최후 진술을 기록하고 서명한 사건은 1633년 6월 22일 로마의 산타 마리아 소프라 미네르바 수도원 종교재판정에서 벌어졌다.[1] 이 종교재판에서는 이단심판관과 한 과학자 사이에 다음과 같은 심문과 답변이 오고갔다.[2]

문: 이 책(『두 개의 주요한 세계 체계에 대한 대화 - 프톨레마이오스와 코페르니쿠스』〔*Dialogo sopra i due massimi sistemi del mondo, tolemaico e copernicaon*〕)는 지구가 움직이고 태양은 정지해 있다는 코페르니쿠스의 주장이 옳다는 생각을 조장하는 논리를 담고 있다. 책의 내용을 보면 피고는 코페르니쿠스의 관점을 고수하거나, 적어도 책을 쓰던 당시에는 고수했다는 것을 알 수 있다. 따라서 피고가 솔선해서 진실을 말하기로 결심하

지 않는다면 법의 도움을 얻어 적절한 단계를 밟을 것이다.

답: 나는 법원의 명령을 받은 뒤로는 코페르니쿠스의 관점을 고수하고 있지 않습니다. 그 나머지는 여기 이단심판관님의 처분에 맡깁니다. 뜻대로 하십시오.

문: 피고는 진실만을 말해야 한다. 그렇지 않으면 고문을 받게 될 것이다.

답: 나는 소환에 응하여 이곳에 왔습니다. 그러나 말씀드린 대로 한번 결심한 뒤로는 그 관점을 고수하고 있지 않습니다.

갈릴레오의 자필 진술서(1633년)

1633년 6월 21일에 있었던 심문에서 과학자가 고문의 위협을 받았다. 일흔 살의 노구를 이끌고 이단 심문을 받았던 이 과학자는 이미 관절염과 탈장으로 고생을 하고 있었다. 무엇보다 신앙에 대한 자신의 진심을 왜곡하는 이단 심판 과정에 의해서 그의 마음은 만신창이가 되었다. 불과 30여 년 전에 이탈리아의 과학자 부르노는 코페르니쿠스의 지동설을 주장하다가 이단으로 몰려서 화형을 당했다.[3]

이제 자신의 결백과 진심을 왜곡하고 무시하는 종교 지도자들을 향하여 목숨을 걸어야 하는 결단의 시점에 도달했다. 결국 이 과학자는 자신의 유죄를 인정하고 서명한 후 무릎으로 기어가 최후 진술서를 제출하기에 이르렀다.[4] 이 이야기의 주인공은 갈릴레오 갈릴레이(Galileo Galilei, 1564~1642)이다. 아인슈타인은 갈릴레오에 대하여 다음과 같이 평가한다.[5]

"갈릴레오는 근대 물리학의 아버지이며 실제로는 근대 과학의 창시자이다."

승리와 패배

우리 주위의 현대인들은 갈릴레오의 종교재판 사건을 과학의 패배라고 인정하지 않는다. 오히려 오늘날 사람들의 마음속에는 갈릴레오 종교재판 사건은 종교의 패배라고 여겨지고 있다. 종교와 과학은 둘 다 진리이며 서로 동반자라는 갈릴레오의 견해에 동의한다고 밝혔던 교황 요한 바오로 2세는 1979년 갈릴레오 재판에 대한 재조사를 명령했다. 교황 요한 바오로 2세는 로마 가톨릭교회가 내렸던 선고는 절대적인 것이 아니며 수정 가능한 것임을 공개적으로 밝히고 로마 교회의 실수를 1992년에 시인했다. 즉 이것은 갈릴레오에 대한 유죄 선언에 대한 로마 교회의 철회를 의미하는 것이었다. 로마 교회의 공식적인 사과가 이루어지기까지는 359년이란 세월이 걸렸다.

갈릴레오는 사실 두 차례의 종교재판을 겪었다. 제1차 종교재판에서는 1616년 벨라르미노 대주교가 갈릴레오를 재판했다. 이미 코페르니쿠스의 우주관이 이단이라고 판정되었고, 갈릴레오도 같은 혐의로 재판을 받았던 것이다. 그러나 이때 열 명이 넘는 교회의 고위 성직자들이 갈릴레오의 구명을 적극 도왔다. 다행히 갈릴레오는 경고만 받고 풀려날 수 있었다. 당시 갈릴레오의 후원자 중에는 바르베리니 신부가 있었다. 그는 교황 우르바노 8세가 되는데, 갈릴레오가 제2차 종교재판(1633년)에서 유죄 선고를 받을 때의 교황이다.

DIALOGO

DI

GALILEO GALILEI LINCEO

MATEMATICO SOPRAORDINARIO

DELLO STVDIO DI PISA.

E Filosofo, e Matematico primario del

SERENISSIMO

GR.DVCA DI TOSCANA.

Doue ne i congressi di quattro giornate si discorre sopra i due

MASSIMI SISTEMI DEL MONDO TOLEMAICO, E COPERNICANO;

Proponendo indeterminatamente le ragioni Filosofiche, e Naturali tanto per l'vna, quanto per l'altra parte.

CON PRI  VILEGI.

IN FIORENZA, Per Gio:Batista Landini MDCXXXII.

CON LICENZA DE' SVPERIORI.

갈릴레오의 1632년 저작,
『두 개의 주요한 세계 체계에 대한 대화』의 표지

제2차 종교재판은 갈릴레오가 남긴 역작『두 개의 주요한 세계 체계에 대한 대화(1632)』의 발간에 따른 것이었다. 갈릴레오는 이 저서를 통해서, 다음의 세 사람을 등장시켜 세 가지의 주장을 대변하도록 구성했다. 세 사람은 (1) 코페르니쿠스 우주관의 옹호자 살비아티, (2) 아리스토텔레스 우주관의 옹호자 심플리치오, (3) 두 사람에게 배우고자 하는 베네치아의 귀족 사그라도이다. 여기에서 프톨레마이오스의 지구 중심 모델과 코페르니쿠스의 태양 중심 모델 사이에 가능한 논쟁을 보여준다. 이 책은 발간 후 유럽의 열렬한 환영을 받았으며, 금서 조치를 당하기 전에 인쇄된 1000부가 모두 판매될 정도였다.

로마 교회는 이 책이 지구 중심설을 공식 입장으로 내세우고 있던 교회의 질서와 권위에 도전한다는 이유로 갈릴레오를 종교재판에 소환했다. 그러나 사실 이 책은 갈릴레오가 교황 우르바노 8세의 허락과 격려를 받고 저술한 작품이다.

교황 우르바노 8세는 교황이 되기 전에 마페오 바르베리니 신부였는데 갈릴레오는 바르베리니의 친구이자 과학과 수학 선생이었다. 이러한 관계 때문에 갈릴레오는 옛 친구이자 제자였던 교황을 몇 차례나 자유롭게 만날 수 있었던 것이다. 그러나 교황 우르바노 8세는 제2차 종교재판에서 갈릴레오를 도와주지 않았다.

끝나지 않은 비극

갈릴레오의 비극의 원인에 대한 여러 가지 연구결과가 나와 있는데, 주목할 만한 한 가지 해석은 종교개혁과 관련되어 있다. 마르틴 루터(Martin Luther)의 1517년 종교개혁의 영향으로 갈릴레오가 필요 이상의 지나친 피해를 보았다는 해석이 있다. 즉 갈릴레오에 대한 묵인은 당시 신구교 간 종교전쟁(1618~1648) 중이었던 긴박한 상황에서 종교개혁 주장에 도움을 줄 수 있었다는 것이다. 당시 유럽 사회에 퍼지고 있던 민감한 정치적 정황과 불리한 입장에 처한 교황의 상황을 반영한 해석인데 일리가 있다. 그렇다면 갈릴레오의 숨겨진 죄명 가운데에는 프로테스탄트에 대한 지원이라는 종교적 죄도 포함되어 있었던 셈이다.[6]

갈릴레오는 유죄 선고를 받고 종신 가택연금 생활을 하게 되었다. 시에나에서 다섯 달을 머물렀고, 마지막으로는 피렌체 아르체트리에 있는 작은 자택에서 연금 생활을 하였다. 그에게는 수녀가 된 두 딸이 있었는데, 사랑하는 맏딸 버지니아가 1634년 4월에 죽게 된다. 이 일로 인해 갈릴레오는 깊은 슬픔에 빠진다. 갈릴레오에게는 거듭되는 불행한 사건이었다. 이 와중에 갈릴레오는 오른쪽 눈의 시력을 완전히 잃었다.

종교재판의 유죄 선고 후 유럽에는 갈릴레오가 자신의 사상을 철회했다는 소식이 알려졌고, 그의 책과 주장은 금지목록에 올랐다. 갈릴레오는 침묵하면서, 세상과 후세에 남길 자신의 최후 저서 『두 가지 새로운 과학에 관한 수학적 증명과 논증』(*Discorsi e dimostrazioni matematiche intorno a due nuove scienze*)을 저술했다. 이 책은 1638년 여름에 로마 가톨릭교회의 출판 금지령이 미치지 않는 프로테스탄트 지역인 네덜란드의 암스테르담에서 출판된다. 그의 과학적 유언장과도 같은 이 책이 출판되어 갈릴레오에게 도착했을 때, 그는 이미 나머지 한쪽 눈의 시력도 잃은 상태에 있었다.[7] 갈릴레오는 그토록 원했던 자신의 책을 직접 볼 수가 없었다. 갈릴레오는 1642년 12월 25일 밤에 이 세상과 이별했다.

존경받는 과학자

갈릴레오는 종교재판 이후 프랑스, 영국, 네덜란드 전역에서 더 존경받는 과학자가 된다. 토스카나 대공 페르디난드 2세는 교황에게 갈릴레오를 위한 장례식 조사와 비석을 허락해 달라고 요청하였다. 그러나 갈릴레오의 옛 친구이자 제자였던 교황 우르바노 8세는 아무것도 허락하지 않았다.[8] 그래서 갈릴레오는 제대로 된 장례식도 치르지 못한 채, 피렌체의 산타 크로체 교회 납골당에 쓸쓸히 묻힌다.

"(로마 가톨릭교회의) 신학자들이여, 이것을 보라. 해는 움직이지 않으며, 지구가 돈다는 사실이 증명될 날이 언젠가 올 것이다. 그날이 오면 당신들은 지구가 가만히 있고 해가 돈다고 주장하는 사람들을 이단자로 몰아세워야 할 것이다."(『두 개의 주요한 세계 체계에 대한 대화』 서문 페이지에 직접 쓴 글)

갈릴레오는 어린 시절 수도원에서 교육을 받았고, 수도성직자를 희망하는 소년이었다. 그의 아버지는 돈을 잘 벌 수 있는 의사가 되기를 희망했고, 갈릴레오를 피사에 있는 피사 대학으로 보냈다. 그러나 아버지의 기대와는 달리 갈릴레오는 수학을 좋아하게 되었고 수학에서 두각을 나타냈다. 결국 그는 피사 대학에서 수학을 가르치는 교수가 되었다가 1592년부터 당시 일류대학이었던 파두아 대학에서 가르치게 되었다.

이때부터 갈릴레오는 수학자이자 천문학자(당시에는 점성학이라고 했음)로 이름을 떨치게 되었고, 수학적 모델(예측차원)을 세운 후에 측정과 실험(검증차원)을 통해 다시 수학적 모델을 수정하는 최초의 체계적인 과학을 성립시킨 공로로 근대 과학의 탄생을 가져온 과학자로 인정된다. 갈릴레오의 후원자 가운데에는 토스카나의 대공, 귀족들, 성직자들이 다수 포함되어 있었다. 그들은 모두 갈릴레오를 좋아했고, 그에게 과학과 수학에 대하여 배우고 자문을 구하는 것을 자랑으로 여겼다.

과학과 종교

과학과 종교에 관한 갈릴레오의 생각은 명백하고 분명했다. 그에 따르면, 과학과 종교는 양립 가능하고, 성서와 자연이라는 위대한 책은 모두 신이 쓰신 텍스트였다.

갈릴레오에 따르면 두 책에는 차이점이 있다. 성서는 일반인들이 이해할 수 있도록 쉽게 조정된 언어를 통해 표현되었지만, 자연은 조정 과정을 거치지 않은 표현이라는 것이다. 그러므로 자연이 보여주는 움직임을 성서의 표현을 가지고 반박할 필요가 없다는 것이 갈릴레오의 논리였다. 갈릴레오는 한 편지에서 다음과 같은 말을 인용했다.[9]

"성서의 목적은 하늘나라에 어떻게 가는가를 말해 주는 것입니다. 성서의 목적은 하늘이 어떻게 움직이는가를 말하는 것이 아닙니다."

갈릴레오는 자연의 언어를 수학이라고 생각했다. 그러므로 수학은 자연 해석의 열쇠이다.

"철학은 이 위대한 책 — 자연을 의미함 — 속에 쓰여 있는데, 그 책은 우리가 계속 바라볼 수 있도록 열려 있다. 그러나 만일 우리가 먼저 그 책에 쓰인 언어와 특성을 파악하지 못한다면 그 책을 이해할 수 없다. 그 책은 수학의 언어로 쓰여 있다. 그래서 그 책에 담긴 언어의 특징은 삼각형들과 원들과 그 외 기하학적 도형들이다. 수학의 언어를 이해하지 않고서는 누구도 그 책에 쓰인 단 한 마디의 말도 이해할 수 없다."[10]

갈릴레오는 성서는 은유적으로 이해해야 하고, 자연은 수학적으로 이해해야 한다고 여겼다. 자연 또한 신의 말씀이기에 갈릴레오는 포기할 수 없다고 믿었다.

갈릴레오는 누구보다 자신의 종교를 소중히 여긴 당대 최고의 과학자였다. 그 자신이 어린 시절 성직자를 꿈꾸었고, 교회에 관한 한 그는 협력을 아낀 적이 없었다. 그럼에도 불구하고 이탈리아에서 가장 존경받던 인물 갈릴레오는 로마 가톨릭교회와 그 지도자들에 의해 부당하게 희생과 모욕을 당하고 추방된 것이다.

종교재판의 유죄 판결 후 절망스런 상황 속에서 그의 신앙은 어떻게 변했을까? 변한 것은 없었다. 교회 지도자들에게 박해를 받았던 갈릴레오이지만 그는 끝까지 신을 버리지 않았다. 갈릴레오는 끝까지 신앙을 지켰다. 그는 아르체트리에 있는 교회를 끝까지 잘 다녔다.

1633년 갈릴레오는 프랑스인 후원자 니콜라스 페이레스크(Nicolas Peiresc)에게 편지를 썼다. 여기에서 그는 자신의 진심을 다음과 같이 표현했다.

"나는 영원한 안식을 위한 두 가지 근거를 가지고 있습니다. 하나는 나의 작품에서 성스러운 교회에 대한 불경함의 희미한 그림자도 찾을 수 없다는 사실입니다. 두 번째는 내 양심의 증언입니다. 이것은 오직 나와 하늘에 계신 신만이 알 수 있습니다. 내가 고통 받는 이 사건에 대해 많은 이들이 연구를 하고 있지만, 그 누구도 심지어 고대의 신학자들도 나보다 신을 위해 더 많은 경건함과 열정으로 말한 적은 없었습니다. 이 말이 진실임을 오직 신만이 알고 계십니다."[11]

로마 가톨릭교회는 갈릴레오의 과학과 종교를 모두 잃었다. 그러나 갈릴레오는 자신의 과학과 종교 어느 하나도 잃지 않았다. 그리스도의 가르침대로, 갈릴레오는 두 눈을 잃었으나 진리를 볼 수 있었고, 두 눈으로 본다고 하는 자들은 볼 수가 없었다(요한복음서 9:35-41).

009

신의 자연법칙을 규명한 뉴턴

런던의 웨스트민스터 사원에 있는 뉴턴의 무덤과 비문

영국의 시인 알렉산더 포프는 한 과학자의 죽음을 기리며 유명한 비문을 남겼다.

> "자연과 자연법칙이 밤의 어둠 속에 감추어져 있었노라. 신께서 말씀하시기를 '뉴턴 있으라' 하시니 모든 것이 밝혀졌노라."[1]

이 비문은 아이작 뉴턴(Isaac Newton, 1642-1727)에게 바쳐진 것이다. 뉴턴은 역사상 가장 큰 영향을 남긴 과학자이자, 대중적 인지도가 가장 높은 과학자이다. 20세기의 과학자 아인슈타인이 역사상 가장 위대한 과학자로 인정한 과학자도 뉴턴이었다. 뉴턴은 물리학자부터 수학자, 천문학자, 자연철학자, 신학자에 이르기까지 다양하게 해석되고 있다.

특히, 뉴턴이 남긴 걸작 중 '만유인력의 법칙'으로[2] 유명한 『자연철학의 수학적 원리』는[3] "프린키피아(*Principia*)"로 불린다.[4] 즉 뉴턴이 자연의 원리를 잘 보여준다는 영예로운 표현이다. 1727년 하늘나라로 돌아갈 때까지, 뉴턴은 미적분, 광학, 만유인력, 행성의 궤도 설명 등에서 독창적 업적을 남겼고, 『자연철학의 수학적 원리(1687)』, 『광학(1704)』을 포함하여 여러 저서와 논문을 남긴다. 최근에 밝혀지고 있는 미출간 문서들은 과학의 아이콘으로 불리는 뉴턴이 종교에 지대한 관심을 갖고 있었음을 잘 보여준다.[5]

천재의 탄생

> "동방박사들이 진실로 적합한 경의를 표할 수 있었던 마지막 천재는 1642년 크리스마스에 유복자로 태어난 뉴턴이었다."(경제학자 존 케인즈, 뉴턴 탄생 300주년 기념식에서)[6]

갈릴레오 갈릴레이가 죽던 1642년 12월 25일 성탄절에 영국 링컨셔의 울스톨프(Woolsthorpe)에서 세상을 바꾸어 놓을 한 아이가 태어난다. 바로 뉴턴이다. 뉴턴은 여덟 달 만에 세상에 나왔는데, 안타깝게도 그의 아버지는 뉴턴이 세상에 나오기 세 달 전 세상을 떠났다. 뉴턴은 태어날 때부터 몸이 너무

작고 병약해서 주위에서는 얼마 살지 못할 것으로 여겼고, 목을 가눌 힘도 없어서 목 받침대를 사용해서 겨우 연명할 수 있었다. 교회의 기록에 따르면, 뉴턴은 생후 일주일 되는 날인 1643년 1월 1일 세례를 받았다.[7]

뉴턴은 재혼한 어머니와 이별하고 외삼촌인 에이스코프(William Ayscough)의 집에서 살게 된다. 외삼촌과 외할머니의 손에서 자라게 된 때에 뉴턴의 나이는 겨우 세 살이었다. 어머니와의 생이별을 하였으나, 뉴턴은 영국 성공회 성직자였던 외삼촌 에이스코프를 만난다. 이 시기부터 뉴턴은 그리스도인의 생활을 알게 되었고 또한 기독교에 대하여 배울 수 있었다.[8]

어린 시절부터 스스로 하는 사색과 관찰을 몸에 익힌 뉴턴은 열두 살이 되던 해에 그랜트햄의 킹스 학교를 다니게 되면서 본격적으로 그리스어와 라틴어, 히브리어를 배우고 성서를 공부하며 풍부한 독서를 시작한다. 뉴턴에게 독서와 연구는 평생의 친구가 되어, 그가 운명할 때 그의 서재에는 무려 1800권이 넘는 책이 있었다.[9]

에이스코프는 자신의 모교에 뉴턴을 추천했고, 뉴턴은 케임브리지 대학교 트리니티 칼리지에 입학한다. 여기에서 뉴턴은 스승 아이작 배로(Iassac Barrow) 교수를 만난다. 스승은 제자의 천재성을 알아보고 그를 적극 후원한다. 배로의 도움으로 뉴턴은 1669년 케임브리지 대학교 트리니티 칼리지의 루카스 석좌 수학교수가 된다.[10]

뉴턴에게 가장 많은 영향을 주었던 배로 교수는 과학자이면서 성공회 성직자였다. 배로는 스스로를 신학자로서 여기기를 좋아했다. 결국 그는 제자 뉴턴에게 교수직을 물려 준다. 교회의 목회를 위해서 교수직을 사직한다는 것이 공식 사유였다.[11] 배로는 뉴턴에게 과학자의 길을 열어주면서, 종교의 길을 몸소 가르쳐 주었다. 종교적 봉사를 위해 영국 최고의 교수직을 스스로 사임한 스승을 보면서 27세의 젊은 과학자 뉴턴은 무엇을 배웠을까?

하늘에서와 같이 땅에서도

뉴턴은 신이 인간에게 준 두 개의 텍스트(text)가 있다고 깨닫는다. 그 하나의 텍스트는 성서(Bible)이고, 또 하나의 텍스트는 자연(Nature)이다. 두 개의 텍스트에는 한 분 신의 뜻이 담겨 있다는 것이다. 그러므로 뉴턴은 성서를 통해서 신의 뜻을 깨달을 수 있고, 동시에 자연을 통하여 신의 뜻을 깨달을 수 있다고 믿었다. 즉 뉴턴에게 성서를 연구하는 것과 자연을 연구하는 것은 같은 종교적 동기와 결과를 의미했다. 뉴턴에게는 하나의 신을 위해서 두 종류의 성직자, 곧 (1) 성경의 성직자와 (2) 자연의 성직자가 함께 존재했다.

뉴턴은 과학과 종교가 충분히 조화를 이룰 수 있다고 생각했다.[12] 그래서 뉴턴은 주기도문(Lord's Prayer)의 "신의 뜻이 하늘에서와 같이 땅에서도 이루어지이다"라는 종교적 명제가 수학과 과학을 통해서 충분히 입증될 수 있다고 믿었다.[13] 그러므로 그가 밝힌 운동의 법칙, 만유인력의 법칙, 중력의 법칙 등은 의심할 바 없이 땅(지구)에서와 같이 하늘(천체)에서도 그대로 적용되고 실현되는 신의 뜻을 의미한다. 『자연철학의 수학적 원리』 제1권에 나오는 세 가지 운동의 법칙은 다음과 같다.[14]

(운동 1) 모든 물체는 물체에 가해지는 힘에 의해서 그 상태가 변하지 않는 한, 정지 상태나 또는 직선상의 일정한 운동 상태를 그대로 지속한다.
(운동 2) 운동의 변화는 물체에 가해진 동력에 비례하며 그 힘이 작용하는 직선 방향으로 변화가 일어난다.
(운동 3) 모든 작용에 대해서 항상 반대의 동일한 반작용이 있다. 즉 두 물체 간의 상호작용은 항상 서로 같고 방향은 반대이다.

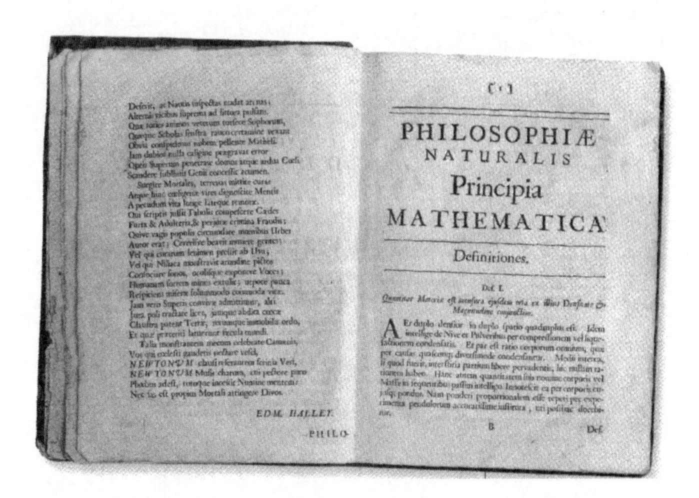

『자연철학의 수학적 원리』

뉴턴은 자연에 대한 연구 못지않게 많은 노력과 시간을 성서 연구에 바친다. 이러한 사실은 그가 남긴 연구 결과를 기록한 노트와 초고, 친필 원고 등을 통해서 밝혀진다. 남겨진 기록의 분량에 따르면 뉴턴은 물리학과 수학, 천문학보다도 성서를 연구하는 데 더 많은 노력을 기울였던 셈이다. 뉴턴이 신학자들 이상으로 구약성서와 신약성서를 많이 연구했다는 이야기는 낭설이 아니다.

예를 들면, 뉴턴은 이사야서 45장 3절에 근거하여 솔로몬

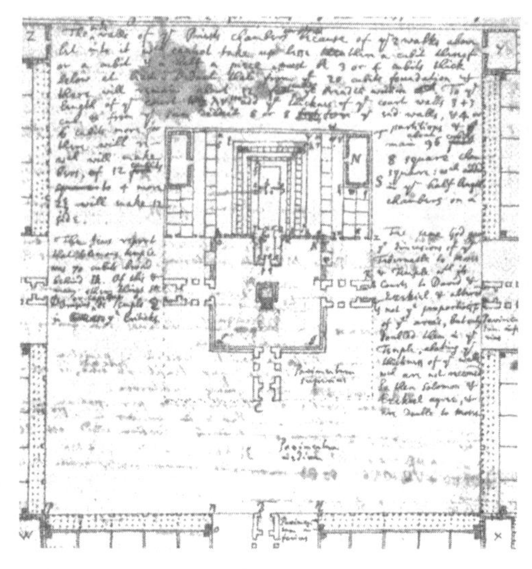

뉴턴이 만든 솔로몬 성전의 설계도

이 신의 계획대로 만들어진 자연의 비밀을 풀 수 있는 단서를 찾고자 예루살렘에 성전을 건설했다고 생각한다.[15] 그래서 그는 직접 솔로몬의 성전의 설계도를 상세하게 제작한다(그림 참조).[16] 뉴턴은 구약성서의 『다니엘서』와 신약성서의 『요한계시록』의 예언을 좋아했고, 그것에 대한 해석을 기록해 놓았다. 이것이 그의 사후에 『다니엘서와 요한계시록의 예언에 대한 고찰』(*Observations upon the Prophecies of Daniel, and the Apocalypse of*

St. John, 1733)로 출판된다. 뉴턴은 다음과 같이 말한다.

> "예언서에 있는 지식을 찾다 보니 나는 예언자와 대화할 수 있게 되었다. 그리고 다른 사람을 위해 그것을 기록해야겠다고 결심했다."[17]

뉴턴의 신

뉴턴의 신은 어디에나 존재하고 또한 영원하다. 그에 따르면 '공간'은 신의 신성한 장(field)이고, '시간'은 신의 영원성과 연결된다. 뉴턴은 신이 절대적이고 불변의 속성을 가졌다고 생각한다. 그렇기 때문에 우주의 시간과 공간은 절대적인 시간과 절대적인 공간이다. 이것이 논리적으로 타당하다.

뉴턴의 과학적 업적에 의해서 토마스 아퀴나스의 영원불멸한 신의 개념과 과학의 영원한 법칙은 논리적으로 결합된다.[18] 즉 신의 신학적 영원성과 과학적 영원성이 하나로 연결될 수 있게 된다. 뉴턴에게는 오직 하나의 진리만이 존재한다. 그러므로 뉴턴의 과학과 신학은 서로 분리될 수 없으며, 하나의 진리에 대한 두 개의 길이다.

데카르트와 라이프니츠는 신을 우주에서 이성의 원천으로

전제한다. 뉴턴은 신의 원리와 자연의 원리는 불변의 진리라고 전제한다. 그런데 뉴턴의 의도와는 반대로 신을 부정하고 자연법칙의 불변성만을 선택한 무신론자들은 자연법칙을 신과 무관한 영역으로 분리시킨다. 그러나 이러한 결과는 뉴턴 자신이 의도한 일이 결코 아니다.

뉴턴의 종교적 세계관에 대한 오해가 있다.[19] 흔히 신학 분야에서는 뉴턴의 세계관을 '이신론'(理神論 Deism)이라 하고, 과학 분야에서는 '기계론'(mechanism) 또는 '결정론'(determinism)이라 한다.[20] 이러한 해석은 신이 만든 세계가 일종의 기계와도 같아서 이미 모든 상태가 결정되어 있다고 주장한다. 그러므로 세계는 자연법칙에 따라 자동적으로 잘 운행되므로 신은 전혀 개입할 필요가 없다는 것이다.

그러나 뉴턴은 기계론에 반대한 과학자이자 신학자이다. 왜냐하면, 그는 신이 세계에 직접 참여하여 공간을 구성하고 신의 뜻에 따라서 물체를 자유로이 움직인다고 생각했기 때문이다. 그러므로 뉴턴에 따르면 신은 신의 방법으로 이 세상에 계속 적극적으로 참여한다. 신은 이 세상으로부터 멀리 떨어져서 방관하는 존재가 아니다. 뉴턴은 다음과 같이 자신의 주장을 명시한다.

"완전한 존재라고 하더라도 세상을 관장하지 않으신다면 신이 아닙니다."[21]

뉴턴에게는 신으로부터 독립된 자연의 힘이란 개념은 아예 존재하지 않는다.[22]

다행히 현재의 과학사학자들의 노력으로 뉴턴에 대한 새로운 평가가 계속 나오고 있다.[23] 뉴턴은 일반 대중에게 알려진 것처럼 '시계 제작자로서의 신'(God as the Clockmaker)을 주장한 사람이 결코 아니다. 그는 오히려 시계 태엽장치처럼 움직이는 세계를 거부하고 신이 늘 관장하는 거룩한 세계를 주장했던 과학자이며 신학자이다. 뉴턴이 성서를 신뢰하고 예수 그리스도의 부활, 몸의 부활, 천년 왕국 등을 철저하게 신뢰했다는 점에서도 그를 이신론자로 단정할 수 없다.[24]

거장들의 어깨 위에서

뉴턴은 신 앞에서 즐겁게 뛰노는 어린아이와 같은 삶을 살았다. 그는 죽기 전에 다양한 경력을 가진 자신의 인생을 돌아보면서 다음과 같은 말을 남긴다.[25]

뉴턴의 초상화

"나는 세상 사람들이 나를 어떻게 보고 있는지 모른다. 그러나 나 자신에게 비쳐진 나는 바닷가에서 놀고 있는 소년이었다. 거대한 진리의 바다는 아무것도 가르쳐 주지 않으면서 내 앞에 펼쳐져 있는데, 나는 바닷가에서 놀다가 가끔씩 더 매끄러운 돌과 다른 것보다 훨씬 예쁜 조개를 찾으며 즐거워했다."[26]

위대한 과학자 뉴턴은 신과 신의 세계 앞에서 겸손했던 사람이다. 그래서 자신이 남긴 업적에 대하여도 다음과 같이 고백할 수 있었다.

"만일 제가 더 멀리 볼 수 있었다면, 그것은 거장들의 어깨 위에서 있었기 때문입니다."[27](뉴턴의 공격자였던 로버트 후크에게 보낸 1676년 2월 5일자 편지에서)[28]

스스로를 거장들의 어깨 위에 있는 어린아이로 고백할 수 있는 과학과 종교의 제사장이 바로 뉴턴이다. 현대의 과학자들은 위대한 거장 뉴턴의 어깨 위에 서서 더 멀리 볼 수 있게 된 것이다.

010

신의 유전법칙을 발견한 멘델

"신이 당신의 형상대로 사람을 창조하셨으니, 곧 신의 형상대로 사람을 창조하셨다. 신이 그들을 남자와 여자로 창조하셨다. 신이 그들에게 복을 베푸셨다. 신이 그들에게 말씀하시기를 "생육하고 번성하여 땅에 충만하여라."(창세기 1:27-28 새번역)

신은 사람을 남자와 여자로 창조한다. 부모를 통하여 생육하고 번성하는 것은 신의 축복과 뜻이 이루어지는 사건이다. 그리고 자녀는 그 축복의 결과이다. 부모를 통해 자녀는 탄생하지만, 자녀를 통해 부모의 일부는 남는다. 어떤 의미에서는 부모가 자녀 안에 존재하는 것이다. 부모의 특징이 이후의 세대에 일정하게 전해지는 이 놀라운 현상을 어떤 방법으로 이해할 수 있을까?

멘델의 유전법칙

부모의 특징이 후손에게 전해지는 현상을 '유전'이라고 할 때, 유전에도 일정한 법칙이 있다는 것이 발견된다.

(1) 부모나 자손에게 나타나는 여러 가지 형질들은 놀랍게도 하나의 특정 인자에 의해서 결정된다. 이 법칙을 '분리의 법칙'이라고 부른다. 이 법칙을 증명한 실험이 오스트리아의 한 수도원 정원에서 1856년부터 시작하여 마침내 성공한다. 예를 들어, 하나의 유전자가 머리카락의 색을 결정하고, 또 다른 유전자가 눈동자의 색을 결정한다. 이러한 유전자들이 세대를 거쳐 유전된다는 것이다.

(2) 유전자들은 서로에게 영향을 주지 않고 독립적으로 유전된다는 것이 증명되었다. 이 법칙을 '독립의 법칙'이라 부른다. 예를 들면, 눈동자의 색을 결정하는 유전자와 머리카락의 색을 결정하는 유전자는 각각 독립적으로 유전된다.

(3) 부모에게 물려받은 특징 중에는 다른 인자에 비해서 우세한 인자, 즉 우성인자가 존재한다는 것이 발견되었다. 잡종의

제1대에서는 우성의 형질만 나타난다. 이 법칙을 '우성의 법칙'이라 부른다.

예를 들어, 붉은 꽃과 하얀 꽃을 교배한다고 분홍 꽃이 나오지 않는다. 교배의 첫 세대는 모두 빨간 꽃이다. 우성의 법칙으로 설명할 수 있다. 그런데 잡종의 제2대에서는 빨간 꽃과 하얀 꽃의 비가 3대 1로 나타날 수 있다. 이는 분리의 법칙으로 설명할 수 있다. 결국, 우성이든 열성이든 모든 유전자는 후손의 유전에 한 부분을 이루며 훗날 나타날 잠재력을 지니고 있는 셈이다. 결론적으로 동식물은 두 세트의 유전자를 갖고 있다. 한 세트는 아빠에게서, 다른 한 세트는 엄마에게서 물려받은 것이다.

어떤 과학자가 이러한 유전의 법칙을 발견했을까? 19세기에 오직 실험과 수학을 통해서 위의 세 가지 유전법칙을 발견한 인물은 기독교 성직자이자 수도사였던 멘델(Gregor Mendel, 1822~1884)이다.[1] 과학 분야에서는 그 이름을 따라 분리의 법칙을 멘델의 제1법칙이라 하고, 독립의 법칙을 멘델의 제2법칙이라 하며, 우성의 법칙을 멘델의 제3법칙이라 하여 그의 이름을 기린다. 1866년 멘델은 과학의 역사에 새로운 장을 열었다. 그러나 그의 생전에는 업적을 인정받지 못했고 1900년에 이르러야 멘델의 위대한 업적이 재발견된다.

수도사 과학자

멘델은 1822년 7월 22일 오스트리아의 하인첸도르프(현재 체코의 힌치체)에서 태어났다. 출생 시 이름은 요하네스였다. 1843년 부뤼노에 있던 아우구스티누스(St. Augustinus) 수도회에 들어가면서 '그레고르(Gregor)'라는 신앙의 이름을 새로 얻었고 이후로는 그레고르 멘델로 불렸다. 1847년 사제로 서품을 받았고 1868년에는 성 토마스 수도원 원장으로 선출되어 부뤼노의 대수도원장으로 봉직했다.

멘델은 어릴 때부터 지적 능력이 탁월했고 공부를 좋아했다. 그러나 농부였던 아버지가 경제적 지원을 하기 어려웠기 때문에 스스로 가정교사를 하며 공부를 계속한다. 그를 눈여겨보았던 물리학 교수 프란츠의 추천으로 아우구스티누스 수도회에 허입된다. 프란츠도 역시 성직자였다. 그가 부뤼노의 수도원장 나프(F. C. Napp)에게 멘델을 최고의 학생이라고 유일하게 추천했기에 가능한 일이었다. 당시에는 수도사들이 대학이나 고등학교에서 강의하는 일이 있었는데, 멘델은 수도원장 나프의 배려로 고등학교에서 고전, 수학, 물리학, 자연사를 강의할 수 있었다.

수도원장은 멘델에게 직접 신학과 자연과학을 지도했고, 나프의 각별한 도움으로 멘델은 유럽 지성의 중심지였던 비엔나 대학에서 1851년부터 1853년까지 유학할 수 있었다. 이 경험은 멘델의 과학적 실험에 중요한 자산이 된다. 비엔나 시절 멘델은 좋은 과학자들을 만날 수 있었다. 예를 들면, 물리학자 도플러 교수(도플러 효과로 유명)를 만나 실험과 증명의 중요성을 배웠고, 웅거(F. Unger) 교수를 만나 식물학에 대하여 새로운 내용을 체계적으로 배울 수 있었다. 비엔나 대학에서 공부하는 동안 멘델은 자연사와 수학을 공부하고 실험물리학과 식물학에 대해서도 최신의 이론을 접한다. 이러한 학문적 훈련을 마치고 수도원으로 돌아온 멘델은 1854년부터 완두콩을 가지고 실험과 연구를 시작했다.

새로운 공헌

멘델은 수도원에서 종교 교육과 과학적 훈련을 받았다. 수도원은 멘델에게 이 두 가지를 함께 할 수 있는 최고의 환경을 제공해 주었다. 현대 유전학의 기초가 되었던 멘델의 연구는 다음 두 가지 점에서 새로운 시도이다.

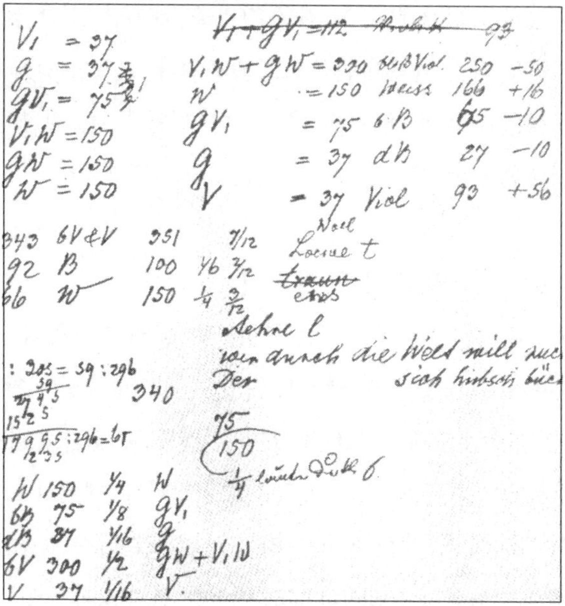

멘델의 연구 기록

(1) 생물학 연구 분야에 새로이 수학적 방법을 도입

(2) 수학과 물리학적 배경을 바탕으로 생물학 실험을 발전 시킴

멘델은 완두콩으로 시작한 실험과 수학적 분석을 토대로 유

전의 법칙을 밝혀낸다. 그 연구 결과를 1866년 "식물 잡종에 관한 연구"라는 제목의 논문으로 발표한다. 그가 실험에 사용한 식물은 무려 28,000개로 추정된다. 멘델은 식물의 잡종 교배에 대한 논문 2편과 기상학 논문 9편을 발표했다.

다윈의 이론을 보완한 성직자

멘델이 완두콩 실험과 연구를 완성하던 1859년 다윈의 『종의 기원』이 출판되었다. 이 책에서 다윈은 부모의 형질이 어떻게 잡종인 자손에게서 나타날 수 있는지 이해할 수 없다고 밝혔다. 그러나 멘델은 이미 이 문제를 풀었던 것이다. 멘델의 이론은 후에 진화 이론의 약점을 보충하는 강력한 논리를 제공한다.

멘델과 다윈의 만남이나 교신 여부는 현재 정확히 알 수 없다. 서신을 교환한 흔적도 발견되지 않았다. 그러나 멘델이 다윈의 『종의 기원』을 읽은 것은 분명하다. 왜냐하면 멘델은 독일어로 번역된 『종의 기원』 3판을 읽었고, 읽은 책의 여백에 자신의 생각을 기록한 것이 남아 있기 때문이다.[2] 멘델은 1850년에 발표했던 기상학에 관한 논문에서 라이엘(Charles Lyell)의 자연의 진화에 대한 내용을 잘 인지하고 있음을 보여주었다. 멘델은 이미 비엔나 대학에서 웅거 교수의 강의를 통해 진화에 대한 이론을 배운 바 있다.

반면 다윈이 멘델의 주장을 알았는지 여부는 불투명하다. 자연과학협회의 간사였고 수도원으로 멘델을 자주 방문했던 니슬에 따르면, 멘델은 진화론에 매우 흥미를 갖고 있었다고 한다. 물론 멘델은 다윈의 이론을 반대하지 않았다. 다만 멘델은 다윈의 이론이 아직 불완전하다고 생각했다.[3] 멘델은 특히 혼합유전이라는 다윈의 주장을 의심했다.[4]

멘델은 성직자로서의 본분도 잘 수행했다. 그는 자신의 스승인 대수도원장 나프가 사망한 후 그 뒤를 이어 브뤼노의 대수도원장으로 선출되었다(1868년 3월 30일). 이것은 투표에 의한 선출이었으므로 동료 성직자들에게 멘델이 신망을 받고 있었다는 증거가 된다. 또한 멘델은 대외적으로도 존경받는 성직자였다. 그가 죽었을 때, 지역의 신문에는 다음과 같은 헌사가 실렸다.[5]

"멘델의 죽음은 가난한 사람들에게서 후원자를 빼앗아 갔다. 크게 보면 인류는 가장 숭고한 인격자를 잃었다. 그는 마음이 따뜻한 친구였고 자연과학의 신봉자였으며 모범적인 성직자였다."

멘델은 종교와 과학이 양립할 수 있으며 협력할 수 있다는 것을 직접 보여주었다. 수도원의 정원은 멘델에게 유전 과학의 위대한 실험실이었다. 과학적으로 보면, 멘델에 의해서 다윈의 자연선택 이론의 한계가 결정적으로 보완될 수 있었다. 그리고 이제 그는 세계의 모든 과학교과서에 등장하는 기독교 성직자가 되었다. 1930년대에 통합된 현대의 생명과학은 멘델에 의해 유전된 후손이라고 해도 무리가 아니다.

멘델은 성직자로서의 자신을 종종 정원사에 비유하곤 했다. 예를 들면, 그는 신의 은총인 초자연적 생명의 씨앗이 사람의 영혼으로 들어가는 방식을 다음과 같이 설명한다.[6]

> "정원사는 준비된 땅에 씨를 심습니다. 땅은 씨가 자랄 수 있게 물리적이고 화학적인 영향력을 발휘해야 합니다. 그러나 이것만으로는 충분하지 않습니다. 성장의 결실을 맺으려면 태양의 따스함과 빛이 있어야 하고 비도 와야 합니다."

과학자이자 성직자로서 주어진 사명을 위해 헌신했던 멘델, 그는 신의 유전법칙을 발견한 정원사였다.

매11
신의 언어를 해독한 콜린스

과학의 역사상 가장 큰 규모의 프로젝트라고 불리는 인간 게놈 프로젝트(human genome project)의 책임자 프랜시스 콜린스(Francis Collins, 1950~) 박사는 말한다.

"오늘 우리는 신께서 생명을 창조할 때 사용하신 언어를 배우고 있습니다. 우리는 신의 가장 신성하고 성스러운 선물이 주는 복잡성과 아름다움과 경이로움에 그 어느 때보다도 큰 경외심을 갖게 되었습니다."

이 말은 2000년 6월 6일 미국의 대통령 빌 클린턴과 함께 프랜시스 콜린스 박사가 발표한 연설의 일부이다.

새 천년을 맞이하여 인류는 놀랍고 새로운 과학적 경험을 하게 되었다. 생명의 암호를 성공적으로 해독한 초안이 공식적으로 발표된 것이다. 인간 생명의 암호는 유전체를 뜻하는 게

콜린스와 클린턴 대통령

놈(genome) 안에 담겨 있다. 게놈은 한 세포의 핵 안에 있는 유전적 지시들(instructions)의 전체 집합이다. 게놈은 23쌍의 염색체로 구성되어 있다. 즉 약 30억의 염기쌍으로 된 DNA 서열(sequence)을 가지고 있는 것이다.

해독된 유전자 서열의 초안에 따르면 인간의 생명 언어는 약 30억 개의 알파벳으로 구성된 것임이 밝혀졌다. 여기에서 알파벳은 네 가지의 염기, 즉 A(아데닌 Adenine), C(시토신 Cytosine), G(구아닌 Guanine), T(티민 Thymine)을 말한다. 하나의 DNA 분자는 두 가닥의 염기 서열이 서로 엮여 있는 이중나선의 형태를 갖추고 있다.

신이 주신 생명의 지시서, 게놈의 암호를 해독하기 위한 10여 년의 프로젝트를 이끈 주인공은 프랜시스 콜린스 박사였다. 독실한 기독교 신자이며 기도하는 과학자로 유명한 콜린스는 2009년 8월 7일 오바마 대통령이 임명한 미국인의 건강을 책임지고 있는 국립보건원장이기도 하다.

불가지론자에서 유신론자로

프랜시스 콜린스 박사는 국제적이고 대규모의 프로젝트였던 인간 게놈 프로젝트(Human Genome Project)의 총책임자였고 인간의 게놈 지도를 완성시킨 생명과학자이며 이 시대를 대표하는 의학유전과학자이다. 콜린스는 화제작 『신의 언어: 과학자가 믿음의 증거를 표명하다』(*The Language of God: A Scientist Presents Evidence for Belief*, 2006)를 통하여 과학과 신앙의 조화가 충분히 가능함을 증명했다.[1]

콜린스는 유전자 치료와 줄기세포 치료를 주장하며 새로운 의학 혁명을 이끌고 있다. 그의 또 다른 화제작 『생명의 언어』(*The Language of Life*, 2010)는 새로운 의학 혁명의 내용을 사람

들에게 잘 보여준다.[2]

콜린스에 따르면, 거의 대부분의 질병은 유전자의 영향 때문이므로 유전학적 지식에 의해 질병 치료의 완성도를 높일 수 있다고 한다. 예를 들면, 우리 모두는 다소의 유전적 결함을 가지고 태어나며, 사람마다 유전적 상태가 다르기 때문에 표준화된 처방만으로는 치료에 한계가 있다는 것이다. 그러므로 그는 개인에 맞춘 의학에 의한 유전자 치료(gene therapy)를 주장한다. 이 유전자 치료를 백혈병 치료에 적용해 성공한 사례도 보고되고 있다.

콜린스 박사는 예일 대학교에서 물리화학박사가 되었고, 이어서 노스캐롤라이나 대학교에서 의학박사가 되었다. 그는 의사로서 병원에서 죽음을 눈앞에 둔 사람들과 만나면서 신앙의 힘에 관하여 목격하고 진지하게 신의 문제를 고민하게 되었다. 그는 자료를 충분히 검토하지 않고 결론을 내린다면 과학자가 아니라고 성찰했다. 이 후 그가 책을 통해서 만난 기독교의 스승이 영국 케임브리지 대학의 중세와 르네상스 영어학 교수이자 기독교 변증가 루이스(C. S. Lewis, 1898~1963)와 아우구스티누스(St. Augustinus 354~430)였다. 『믿음: 신앙을 위한 이성에 관한 글모음』(*Belief: Readings on the Reason for Faith*,

2010)은 콜린스가 과학과 신앙의 조화를 포함하여 고전에서 현대까지의 기독교를 변증하는 글들을 모아 펴낸 저서이다.[3]

회피할 수 없는 신성한 질문 앞에서, 콜린스는 결단을 내리게 된다. 불가지론자에서 무신론자로 그리고 마침내 유신론자가 된다.

> "나는 선택을 결정해야 했다. 내가 신을 믿기로 결정한 이래로 꼬박 한 해가 흘렀고, 이제는 설명하라는 소명을 받았다."[4]

바이오로고스

콜린스는 신앙과 과학의 조화를 증명하고 조화의 목소리를 대변하는 일에 공헌하고자 한다. 그에 따르면 신앙과 과학의 조화를 위한 최적의 논리체계가 '바이오로고스'(BioLogos)이다. 바이오로고스는 '로고스를 통한 바이오스'(Bios through Logos), 즉 그리스도를 통한 생명을 강조한다. 바이오로고스는 유신론적 진화사건(evolution)을 포함한다. 콜린스에 따르면, 진화는 신을 부정하는 것이 아니라 신께서 어떻게 활동하는가를 우리에게 보여주는 것이다.

콜린스는 바이오로고스를 과학이론이나 과학을 대신하는

이론이라고 주장하는 것은 잘못이라고 강조한다. 바이오로고스는 과학이 대답하지 않거나 대답하지 못하는 문제를 다루는 필요하고 충분한 조건을 갖춘 논리체계이다. 그러므로 바이오로고스는 진화주의(evolutionism),[5] 창조주의(creationism),[6] 지적설계(intelligence design)[7]의 주장과는 다르다. 여기에서 콜린스는 세 가지 주장을 모두 인정할 수 없다고 분석했다.

콜린스는 신의 창조를 굳게 믿는 과학자이다. 그는 이러한 전제하에 과학과 신앙의 문제를 다음과 같이 분류하여 다룬다.

(선택 1) 과학이 신앙에 대하여 승리한다고 생각하는 사람은 '무신론'이나 '불가지론'을 선택할 것이다.

(선택 2) 신앙이 과학에 대하여 승리한다고 생각하는 사람은 '창조주의'(creationism)를 선택할 것이다. 여기에서 창조주의란 용어는 사실상 성서문자주의자들이나 창조과학자들의 주장에 제한된 것이다. 성서와 기독교의 역사 속에서 전통으로 계승되는 '창조신학'과는 그 차원이 다르다. 성서의 창조는 창조주의가 주장하는 내용보다 훨씬 더 풍부한 사건이기 때문이다.[8]

(선택 3) 신의 도움을 필요로 하는 과학을 생각하는 사람은 '지적설계론'(intelligent design theory)을 선택할 것이다.

콜린스에 따르면, 기독교와 과학의 진정한 조화를 위해서는 새로운 바이오로고스를 선택할 수밖에 없다. 그가 강조하는 바이오로고스의 여섯 가지 전제는 다음과 같다.[9]

(전제 1) 우주는 약 140억 년 전에 무에서 창조되었다.
(전제 2) 확률적으로 대단히 희박해 보이지만, 우주의 여러 특성은 생명이 존재하기에 정확하게 조율되어 있다.
(전제 3) 지구상에 처음 생명이 탄생하게 된 정확한 메커니즘은 알 수 없지만, 일단 생명이 탄생한 뒤로는 대단히 오랜 세월에 걸쳐 진화와 자연선택으로 생물학적 다양성과 복잡성이 생겨났다.
(전제 4) 일단 진화가 시작되고 나서는 특별한 힘이 초자연적으로 개입할 필요가 없어졌다.
(전제 5) 인간도 이 과정의 일부이며, 유인원과 조상을 공유한다.
(전제 6) 그러나 진화론적 설명을 뛰어넘어 영적 본성을 지향하는 것은 인간만의 특성이다. 도덕법(옳고 그름에 대한 지식)이 존재하고 역사상 모든 인간 사회에서 신을 추구한다는 사실이 그 예가 된다.

인간이 보기에 진화는 우연에 지배되는 듯하다. 그러나 신의 관점으로 보자면 그 결과는 세부적으로 미리 정해진 것이다.[10] 단지 신과 차원이 다른 우리 인간이 생각하기에는 이 과정이 방향성도 없는 과정으로 이해되기 쉬울 뿐이다. 그러므로 콜린스는 다음과 같이 호소한다.

> "진화를 긍정하는 증거는 충분히 타당한 것이다. 다윈의 자연선택설은 모든 생물의 관계를 이해하는 기본틀을 제공한다. 진화가 예측하는 내용은 다윈이 150년 전에 진화를 주장하면서 상상할 수 있었던 것보다 훨씬 더 많은 방식으로, 특히 게놈 분야에서 증명되었다."[11]

콜린스가 신이 주신 생명의 언어를 해독하기 위해 사용하는 도구는 신앙과 과학이 조화를 이루는 영적 논리 시스템, 즉 '바이오로고스'였다. "우주가 어떻게 여기에 생기게 되었을까?" "생명의 의미는 무엇인가?" "사후에는 어떤 일이 벌어지는가?" 이러한 문제는 과학이 다룰 수 없다. 바이오로고스는 이러한 문제에 대하여 신을 그 대답으로 추천하는 것이다. 그러므로 바이오로고스는 자연을 이해하면서 생기는 지적 결합의 공간에 신을 채우려는 시도, 즉 '공백을 채우는 신'(God of the Gaps)을 부정한다.

콜린스는 상처받은 세상을 위해 기도한다. 그는 기도가 신과 함께하고, 신을 배우고, 우리를 당혹케 하고 의아하게 만들고 괴롭히는 여러 문제를 신은 어떤 관점으로 보시는지 알고자 하는 노력이라고 고백한다. 콜린스는 야고보서의 성경 구절(3:17)을 늘 보면서 사랑과 이해와 연민을 가지고 우리가 다함께 지혜를 구하고 찾게 해달라고 기도한다.[12]

> "과학은 신에 의해 위협받지 않습니다. 오히려 발전합니다. 신도 결코 과학에 의해 위협받지 않으십니다. 신은 과학의 모든 것이 실현 가능하게 하셨습니다."

미로

신의 논리를 논증한 쿠자누스

니콜라우스 쿠자누스의 고향 쿠에스에 있는 성 니콜라우스 병원의 쿠자누스 그림

니콜라우스 쿠자누스(Nicolaus Cusanus, 1401~1464)는 다음과 같이 말한다.

> "신의 다양한 진리를 깨닫는 일에서 수학은 우리에게 큰 도움을 준다(*Quod mathematica nos iuvet plurimum in diversorum divinorum apprehensione*)."(Nicholaus Cusanus, *De Docta Ignorantia*, I, 11.)

수학을 사용하는 신학은 가능한가? 15세기 저명한 신비주의 신학자이자 무한 연구에서 탁월한 수학자였던 쿠자누스는 그렇다고 대답한다. 그는 무한에 대한 수학적 이해를 통하여 신을 이해하는 일에 더 가까이 갈 수 있을 것이라 굳게 믿고 그러한 작업에 일생을 바친다. 쿠자누스가 신을 이해하는 길에 수학과 신학은 분리될 수 없는 학문적 동반자였다.

새로운 신학과 수학

신학자이자 수학자로 잘 알려진 쿠자누스는 1401년 현재 독일의 트리어와 코블렌즈 사이의 모젤 강 유역 쿠에스(Kues)에서 탄생했다. 즉 쿠에스의 니콜라우스(Nikolaus von Kues)에 대한 라틴식 이름 표현이 니콜라우스 쿠자누스(Nicholaus Cusanus)이다. 영어식 표현으로는 쿠자의 니콜라스(Nicholas of Cusa)라고도 하며, 니콜라우스 크뤼프트(Kryft) 혹은 니콜라우스 크레프스(Krebs)라고 알려져 있다.

쿠자누스는 지금의 네덜란드 영역에 있던 데벤터(Deventer)의 '공동생활 형제회'가 운영하는 학교를 다녔다. 이후 하이델베르크 대학에서 대수학, 기하학, 음악, 천문학을 공부하고(1416), 이탈리아의 파두아 대학에서 전공으로 신학의 교회법(cannon law)을 공부한 후 박사 학위를 취득한다(1417~1423). 이후 콜로네(Cologne) 대학에서 신학을 더 깊이 공부한다(1425).[1]

쿠자누스가 성직 안수를 받은 해에 관하여는 논란이 있는데, 1427년설, 1430년설, 1438년설 등이 있다. 그는 루뱅 대학의 두 번의 교수직 제안을 사양하고 교회에 전속하며 성직의 사명을 감당한다. 쿠자누스는 평생 교회에 헌신하면서 대주교

비서, 바젤 공의회 신앙위원회 위원, 에우제니오 교황의 교회 일치를 위한 특사, 산 피에트로의 추기경, 브릭센의 주교 등 여러 가지 직임을 성심으로 수행한다.

쿠자누스는 중세의 사상을 정리하고 새로운 세계를 준비하는 일을 마련한다. 먼저, 그는 중세의 신비신학을 계승했다. 다음으로 수학신학을 통하여 신비신학(mystical theology)을 새롭게 풀어낸다. 그 결과, 쿠자누스는 그가 의도한 부정신학(negative theology)을 완성한다.[2]

신과 인간

쿠자누스의 가장 대표적인 저작은 1440년에 완성한 *De Docta Ignorantia*, 즉『무지의 지』이다. 여기에서 쿠자누스는 신, 우주 그리고 그리스도에 대한 인식을 위하여 수학의 무한 개념을 사용한다.

쿠자누스에 따르면 신은 가장 큰 존재인 동시에 가장 작은 존재이다. 즉 수학의 무한대이자 무한소의 모델을 통해 논리적으로 이해될 수 있다. 또한 신은 중심이자 주변이다. 이것은 수학의 원에서 중심과 원주 모델을 통해 논리적으로 이해될 수 있다. 즉 무한을 전제할 때, 신은 인간이 알고 있는 모든 대립을

내포하실 수 있다. 세상 안에서 대립은 그리스도 안에서 합일 된다.[3]

대립의 합일

쿠자누스가 증명하고자 시도했던 내용은 무엇일까? 쿠자누스는 '대립의 합일'(*coincidentia oppositorum*)이란 논리를 제시한다. 신 안에서는 모두 합일 가능하다. 이것을 보여주는 수학적 사례로 그는 최대선(maximum line)을 제시했다. 여기에서 곡선 CD, 곡선 EF, 곡선 GH는 직선 AB와 일치할 수 있는가? 무한히 큰 곡선은 직선과 일치할 수 있다. 다른 말로 하면, 직선 AB를 최대한 크게 늘리면 직선 AB를 지름으로 하는 원의 원주는 원지름과 일치한다. 동일한 논리에서 쿠자누스는 삼각형을 사례로 설명했다. 어떤 삼각형이 있다고 하자. 그 삼각형의 밑변을 무한히 늘리면 나머지 두 변은 역시 밑변에 점점 가까워지고 사이 각은 180

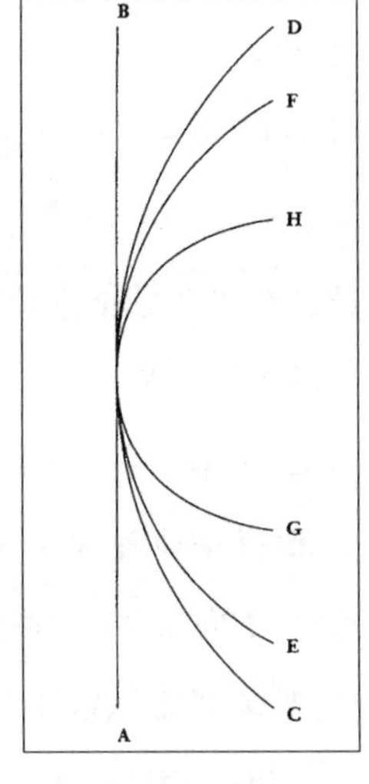

최대선(maximum line)

도에 근접하여 결국은 두 변이 밑변과 일치하게 된다.

이처럼 절대 최대이신 신(*maximum absolutum*) 안에서는 '대립의 합일'이 가능하다(*De Docta Ignorantia* 제I권). 그러나 우주에서는 대립의 합일이 언제나 가능할 수 없고 제한적이다. 쿠자누스에게 우주는 축소된 최대(*maximum contractum*)이기 때문이다(*De Docta Ignorantia* 제II권).

우주는 절대 최대가 아니라 상대적 최대이다. 여기에서 쿠자누스는 새로운 우주론을 제시한다. 신께서 창조한 우주는 경계가 없는 무한이라고 주장한다. 우주에는 고정된 둘레도 없고 고정된 중심도 없기 때문이다.[4] 그러므로 지구는 우주의 중심이 아니다. 즉 코페르니쿠스 이전에 이미 쿠자누스는 지구 중심설의 오류를 파악했다. 또한 운동의 절대성을 부인하고 모든 운동의 상대성을 강조한다. 이것은 중세를 지배했던 아리스토텔레스와 프톨레마이오스의 우주론을 부정하는 것이고, 놀랍게도 현대의 우주론을 예측한 것이었다.[5]

절대 최대와 축소 최대의 연결은 가능한가? 쿠자누스에 따르면 그리스도에 의해서 가능하다. 성육화하신 그리스도는 바로 '절대 최대'(신)와 '축소 최대'(우주) 사이의 '대립의 합일'이다. 이때 쿠자누스는 그리스도를 '최대 인간'(*homo maximus*)이라고 부른다(*De Docta Ignorantia* 제III권).

쿠자누스에게 인간은 신의 형상(*imagine*)이다. 그러므로 인간의 마음은 신의 마음의 이미지이다(*Idiotae de Mente* 1450).[6] 이 형상으로부터 두 가지의 대립적 작용이 일어난다. 하나는 '접음'(*complicatio*)이다. 다른 하나는 '펼침'(*explicatio*)이다. 이 '접음'과 '펼침'은 대립의 합일을 전제로 한다. 예를 들면, 운동(motion)은 펼쳐진 멈춤(unfolded rest)이다. 쿠자누스는 형상으로서의 인간은 그리스도 안에서만 최대화된다고 보았다.

> "그리스도에 대한 신앙의 신성한 효력은 말로 설명할 수 없다. 왜냐하면 신앙이 자라서, 예수 그리스도와의 합일에 어울리지 않는 모든 것을 뛰어넘을 때, 예수 그리스도와 신자를 하나로 묶어 주기 때문이다."(*De Docta Ignorantia* III, 11.5)

원과 다각형의 관계를 보여주는 그림에서, 다각형의 직선의 수가 무한하게 늘어난다면 원과 같은 것으로 보일 수 있다. 즉 무한이 전제된다면 원과 직선은 만난다는 것이다. 또한 다각형의 직선을 무한히 줄인다면 하나의 점으로 보일 수 있다. 결국 원의 둘레와 원의 중심은 무한에서 다른 것이 아닌 셈이

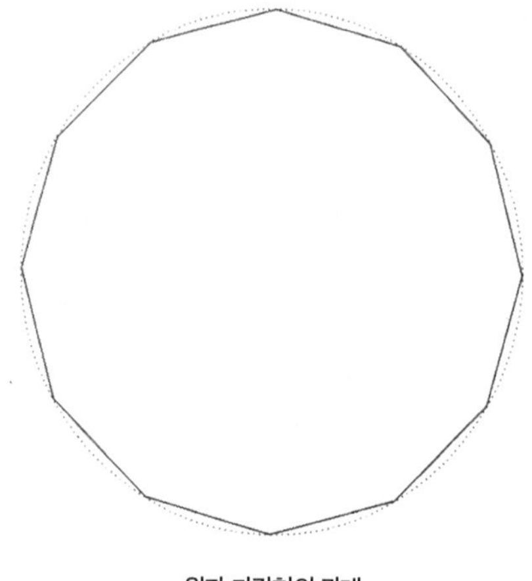

원과 다각형의 관계

다. 이상은 중세까지의 생각이었다.

그러나 쿠자누스는 아무리 다각형의 꼭짓점을 무한히 늘린다고 해도 결코 원이 되지 않음을 안다. 즉 다각형이 인간을 표시하고 원주가 신을 표시할 때, 다각형이 아무리 원에 가까이 간다고 해도 결코 원 자체에는 도달할 수 없듯이 인간이 아무리 신에게 다가간다고 해도 결코 신에게 도달할 수 없다(*De docta ignorantia*, 3.4).[7] 이것이 쿠자누스가 말하는 부정신학의 메시지이다.

무지의 지

쿠자누스는 부정의 방법론을 사용하여 긍정과의 신비로운 합일을 주장한다.

(1) 인간의 지식은 유한하다(즉, 무지의 상태를 벗어날 수 없다).

(2) 신의 진리는 무한하다(즉, 인간의 지식으로 신의 진리에 도달할 수 없다).

(3) 그리스도 안에서만 인간의 유한한 지식은 신의 무한한 진리와 만날 수 있다(즉, 신 안에서만 모든 대립은 합일될 수 있다).

여기에서, 인간의 무지(*ignorantia*)를 깨닫는 지식이 바로 쿠자누스가 말하는 진정한 지혜(*docta*)이다. 무지를 알게 될 때, 신에게 가까이 갈 수 있다. 오직 겸손한 자가 신을 볼 수 있는 것이다. (3)에서 우리는 쿠자누스의 궁극적인 지향점이 신비에 있음을 알 수 있다. 쿠자누스에 따르면 그리스도 안에서 인간은 신을 만날 수 있고 볼 수 있고 마침내 하나가 될 수 있다. 그리스도는 무한과 유한을 신비롭게 연결해 주는 유일한 공간이고 시간이다.

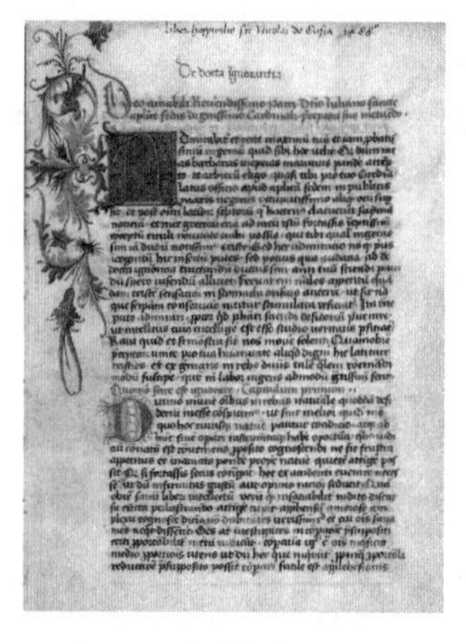

『무지의 지』

무지의 지(*docta ignorantia*)는 단지 사변 신학이 아니라 경험 신학이다. 적어도 첫째, 신으로서의 신을 우리가 알 수 없다는 깨달음을 경험하며, 동시에 둘째, 그리스도 안에서 인간의 무지함이 신의 자기 계시를 통해 회복되는 경험이다. 인간의 능동적 시도가 실패할 때, 신의 능동적 계시에 의해서 만남이 이루어진다. 이때 '절대 최대'의 무한 안에서 '최대'와 '최소'의 '대립의 합일'이 성립된다.

"그대가 행함 속에서 그대를 발견하도록 행하라!"(*De Docta Ignorantia* II, 13.5)

013

신의 방정식을 표현한 오일러

1773년 프랑스의 철학자이자 무신론자로 유명한 디드로(Denis Dedroit, 1713~1784)가 러시아에 왔다. 이것은 여제 카트리나 II세의 요청에 의한 방문이었다. 디드로는 당시 프랑스 계몽주의의 선두에 있던 인물이었고 다방면에 박식한 천재로 알려진 사람이었다. 그래서 디드로는 프랑스의 백과사전의 편집자를 맡고 있었다. 그 사전은 서구의 모든 유용한 지식들을 하나의 시리즈로 모두 모아서 편찬하겠다는 야심찬 프로젝트였다. 바로 이러한 프랑스 계몽주의의 영향을 받았던 카트리나 II세는 프랑스 계몽주의를 대표하는 디드로를 초청하였고 디드로는 이를 승낙하고 방문한 것이었다.

디드로는 자신이 주장하는 무신론을 카트리나 II세 여제에게 과학적으로 설득하려고 했다. 마침 그 시기에 러시아에는 한 천재 수학자가 신의 존재에 관하여 수학적 증명을 발견했다는 소문이 가득했다. 이에 디드로는 그 천재 수학자를 만나서

신의 존재에 관한 증명에 관하여 듣고자 했다.

카트리나 II세의 궁정에서 그 천재 수학자는 디드로에게 다음과 같이 엄숙하게 선포한다.

"선생, $\frac{(a+b^n)}{n}=x$ 입니다. 그러므로 신은 존재하십니다. 자, 대답해 보시오!"

이 방정식은 사실 아무런 의미가 없는 수식이다. 그러나 확신에 찬 천재 수학자의 말에 대하여 디드로는 아무런 대답도 하지 못하고 당황한다. 그리고 곧바로 디드로는 카트리나 여제에게 허락을 구한 후 속히 프랑스로 돌아간다. 이 사건은 수학자들에게는 잘 알려져 있는 이야기이다. 그리고 이 이야기 속의 천재 수학자는 바로 스위스 출신의 수학자 레온하르트 오일러(Leonhard Euler, 1707-1783)이다.

오일러의 종교와 논리

18세기를 대표하는 천재 오일러는 당대 최고의 수학자였을 뿐만 아니라 최고의 수리물리학자로도 평가받는다. 그의 수리과학적 업적은 해석학, 미분방정식, 특성함수, 방정식론, 수론,

미분기하학, 사영기하학, 확률론 등 일일이 다 열거하기가 어려울 정도이며 그가 영향을 미친 분야도 천문학, 유체운동, 배와 돛의 설계, 포술, 지도 제작, 악기의 이론, 광학에 이르기까지 광범위했다. 오일러의 업적이 없었다면 현대 과학기술의 근간을 이루는 여러 이론은 존재할 수 없었다. 예를 들면, 오늘날 우리들이 즐겨 사용하는 MP3 음악 파일, JPEG 그림 파일은 모두 오일러의 삼각함수 덕분에 가능한 것이다.

오일러는 독실한 그리스도인이다.[1] 신께서 인간에게 신의 법칙을 이해하기 위하여 인간의 능력을 사용하는 임무를 맡겼다고 믿는다. 그에게 '신의 존재'와 '신의 지혜'는 가장 기본적이고 확실한 전제이다. 그러므로 오일러가 평생 동안 가족들과 함께 가정 예배를 드리고 저녁마다 성서를 읽었다는 사실은 자연스러운 일이다.

(1) 칼빈주의 세계관을 가졌던 오일러는 신의 창조에는 완전성이 내재되어 있다고 생각했다.[2]

"우주의 구조는 가장 완전하며 동시에 가장 지혜로운 창조주의 작품이기 때문에, 최대 또는 최소의 법칙이 나타나 보이지 않는 우주에서는 아무 일도 일어나지 않는다."(*Methodus inveniendi, Additamentum I. Opera omnia* I/24, 231)

오일러에 따르면 모든 자연 현상은 어떤 기능을 최대 또는 최소화하도록 작동하고 있다. 그러므로 물리적인 기본 원리들은 최대 또는 최소화되는 기능을 갖추고 있어야 한다.[3] 오일러의 글은 철저한 신의 주권과 목적에 맞는 우주의 운행에 대한 오일러의 신앙과 신학을 잘 보여준다.

(2) 당시 자연주의 신학에 따르면, 신께서 세상을 창조하시고 모든 것이 법칙에 따라 운행되게 하셨다.[4] 그러므로 자연신학은 신이 세상에 개입하시지 않으며, 자연을 통한 일반 섭리로 충분하다는 논리를 펴고 있었다. 그러나 오일러는 이러한 18세기의 자연주의 신학을 반박하고 균형을 이루기 위하여 특별 섭리를 강조한다.[5]

"신의 특별 섭리뿐만 아니라 일반 섭리의 원칙은 모두 성서에 속해 있다. 그것을 통해 신의 무한하신 지혜와 선하심을 따라 신께서 허용하지 않는 어떤 상황에도 놓이지 않는다는 것을 알 수 있다. 그리고 신의 뜻이 없이 머리카락 한 올이라도 우리에게서 떨어지지 않는다는 굳은 확신에 도달할 수 있다."(*Defense of the Divine Revelation against the Objections of the Freethinkers*, p. XXVIII)

오일러는 과학을 신뢰하면서도 동시에 성서가 증거하는 특별 계시를 믿는 수학자였던 것이다.[6] 오일러의 신학적 입장은 "독일 공주에게 보내는 편지"(*Letters to a German Princess*, 1760-1762),[7] "자유주의자들의 반대에 대한 신 계시의 옹호"(*Rettung der Göttlichen Offenbarung gegen die Einwürfe der Freygeister*, 1747)에 가장 잘 드러나 있다. 그는 지식을 감각(senses), 이해(understanding) 그리고 신앙(faith)에 대한 세 가지 지식으로 구분하였고, 신의 계시는 세 번째의 지식 즉 신앙의 지식과 관련된다고 생각했다.[8]

오일러에 따르면 '이해'는 진리를 발견하는 데 도움이 되고, '의지'는 진리로부터 우리의 의무를 도출하는 데 도움이 된다. 그는 신앙의 지식이 확장될수록 인간의 의무도 확장된다고 보았다. 신앙적 깨달음이 커갈수록 해야 할 일도 많아진다는 것이다. 그런데 신의 계시는 무한하나 인간의 능력은 제한되어 있다. 그렇기 때문에, 불완전한 인간의 완전한 행복은 완전한

103—104] DE QUANTITATIBUS TRANSCENDENTIBUS EX CIRCULO ORTIS 147

Secantes autem et cosecantes ex tangentibus per solam subtractionem inveniuntur; est enim

$$\text{cosec.}\, z = \text{cot.}\, \frac{1}{2} z - \text{cot.}\, z$$

et hinc

$$\text{sec.}\, z = \text{cot.}\left(45^0 - \frac{1}{2} z\right) - \text{tang.}\, z.$$

Ex his ergo luculenter perspicitur, quomodo canones sinuum construi potuerint.

138. Ponatur denuo in formulis § 133 arcus z infinite parvus et sit n numerus infinite magnus i, ut iz obtineat valorem finitum v. Erit ergo $nz = v$ et $z = \frac{v}{i}$, unde $\sin.\, z = \frac{v}{i}$ et $\cos.\, z = 1$; his substitutis fit

$$\cos.\, v = \frac{\left(1 + \frac{v\sqrt{-1}}{i}\right)^i + \left(1 - \frac{v\sqrt{-1}}{i}\right)^i}{2}$$

atque

$$\sin.\, v = \frac{\left(1 + \frac{v\sqrt{-1}}{i}\right)^i - \left(1 - \frac{v\sqrt{-1}}{i}\right)^i}{2\sqrt{-1}}.$$

In capite autem praecedente vidimus esse

$$\left(1 + \frac{z}{i}\right)^i = e^z$$

denotante e basin logarithmorum hyperbolicorum; scripto ergo pro z partim $+v\sqrt{-1}$ partim $-v\sqrt{-1}$ erit

$$\cos.\, v = \frac{e^{+v\sqrt{-1}} + e^{-v\sqrt{-1}}}{2}$$

et

$$\sin.\, v = \frac{e^{+v\sqrt{-1}} - e^{-v\sqrt{-1}}}{2\sqrt{-1}}.$$

Ex quibus intelligitur, quomodo quantitates exponentiales imaginariae ad sinus et cosinus arcuum realium reducantur.[1]) Erit vero

1) Has celeberrimas formulas, quas ab inventore *Formulas* EULERIANAS nominare solemus, EULERUS distincte primum exposuit in Commentatione 61 (indicis ENESTROEMIANI): *De summis*

Introductio (1748)의 일부

신의 뜻에 완전하게 순종하는 것에 달려 있다고 논증했다.[9]

(3) 오일러에게 수학은 일종의 신학적 도구였다. 그래서 오일러는 수학을 통하여 신학적인 사건에 대응되는 구체적인 사례를 발견하고자 노력하였다. 예를 들어, 다음의 바젤 문제(Basel Problem)를 다루었다. 이 문제는 미적분학을 창시한 라이프니츠를 비롯한 여러 수학자들을 괴롭혔던 제곱의 역수로 이루어진 무한급수(infinite series)의 문제였다.

$$\frac{1}{1^2}+\frac{1}{2^2}+\frac{1}{3^2}+\dots$$

오일러는 삼각함수를 이용하여 이 방정식을 다음과 같이 해결했다.[10]

$$\frac{1}{1^2}+\frac{1}{2^2}+\frac{1}{3^2}+\dots = \frac{\pi^2}{6}$$

이것은 오일러가 원주율 π의 값을 구하기 위해 증명한 공식 중 하나이지만, 오일러는 6이 완전수(perfect number)임을 잘 알고 있었다.[11] 여기에서 완전수란 (a) 전체와 (b) 나누어진 부분의 합이 같은 수를 말한다. 그러므로 6=1+2+3은 완전수이다(완전수로는 28, 496, 8128 등이 있다). 즉 오일러에 의해 일정한 수들의 무한한 합은 완전수 6과 원주율 상수 π=3.14…의 비례로 표현될 수 있음이 발견된 것이다.

소수(prime number)와 관련하여 오일러는 홀수이면서 완전수인 수를 찾고자 했다. 그리고 만약 홀수 완전수가 존재한다면 적어도 셋 이상의 소인수(prime factors)를 가져야 함을 증명했다. 이는 신학적으로 번역하면, 완전하신 신을 표현하기 위해서는 적어도 세 소인수(at least three different prime factors)가 필요하다는 것이다. 즉 완전하신 신은 삼위에 의해 표현될 수 있다.

(4) 오일러에게 예수 그리스도는 천상과 지상에서 동일하신 존재이다. 이를 설명하기 위해서 오일러는 차원 간의 변화를 초월하여 동일한 정체성을 유지할 수 있는 수학적 모델을 찾았다. 이를 위하여 그는 뉴턴의 생각을 발전시켜 무한급수를 통해 다음을 증명하였다.

$$e^x = 1 + x + \frac{x^2}{2 \cdot 1} + \frac{x^3}{3 \cdot 2 \cdot 1} + \ldots = \sum_{r=0}^{\infty} \frac{x^r}{r!}$$

(여기에서 e=2.71828…는 자연로그의 밑을 뜻한다)

이 증명은 수학적으로는 지수함수를 정의하는 데 크게 공헌을 하는 것이었으나, 동시에 신학적으로는 예수 그리스도를 이해할 수 있는 사례를 구체적으로 발견한 사건이었다.

이 지수함수 e^x는 미분을 한 후에도 동일한 함수라는 특징을 가지고 있다. 또한 적분을 해도 지수함수 e^x는 변하지 않고 동일하다. 신기하게도 함수와 도함수(derivative)가 동일한 함수이다. 즉, 아무리 차원을 낮추는 미분의 과정을 거치거나, 차원을 높이는 적분의 과정을 거쳐도 본래 정체성이 변하지 않는 유일한 함수인 것이다.

그러므로 위의 식은 (a) 무한의 문제(무한급수 e)와 (b) 유한의 문제(지수함수 e^x)의 관계성을 보여준다. 지수함수 e^x에 대한 증명과 정의는 오일러가 그리스도를 수학적으로 이해하고 설명한 수학적 그리스도론이라 할 수 있다. 오일러는 무한한 신과 유한한 인간의 연합을 의미하는 그리스도 모델을 수학적으로 풀이한 것이다.

(5) 수학의 역사상 가장 아름다운 수학 공식으로 불리는 오일러의 공식(Euler's Identity)은 오일러 그리스도론의 극치이다.

$$e^{\pi i} + 1 = 0$$

이 공식에 사용된 다섯 가지의 상수 0, 1, i, π, e는 수학에서 가장 중요한 다섯 가지의 상수로 여겨지는 것인데, 0은 덧셈의 항등원, 1은 곱셈의 항등원, i는 허수의 단위(여기에서, i는 제곱해서 음수가 나오는 수($i^2 = -1$), 즉 실재하지 않는 수라 하여 '허수'(imaginary number)로 불린다), π는 원주율, 그리고 e는 자연로그의 밑을 뜻한다.

여기에서 오일러의 공식은 고전수학을 대표하는 네 가지의 주요 분야를 포함하는 것을 의미한다. 0과 1은 산술(arithmetic)을, i는 대수학(algebra)을, π는 기하학(geometry)을, e는 해석학(analysis)을 상징한다.[12] 그러므로 오일러의 공식은 고전수학의 구조적 관계가 하나로 통합될 수 있음을 보여준다.

오일러의 공식은 본래 다음과 같이 지수함수와 삼각함수의 관계를 보인 것에서 시작하였다.

$$e^{ix} = \cos x + i\, sin\, x$$

그런데 그 구조의 내면에는 실수(the real number) $\cos x$와 허수(the imaginary number) $i\, sin\, x$의 연결 관계가 담겨 있다.[13] 그러므로 위의 공식은 근본적으로 전혀 다른 두 개의 세계, 즉 실수의 세계와 허수의 세계를 연결하는 관계를 구체적으로 보여주고 있는 것이다. 여기에서 실수의 세계가 인간의 세계를 의미한다면, 허수의 세계는 신의 세계를 의미한다. 그러므로 이 공식은 신과 인간의 연합을 보여주는 수학적 그리스도론의 모델이 된다.

수학의 베토벤

18세기에 물리를 포함하여 수학적 저작의 3분의 1 정도는 오일러의 작품이었다. 실로 놀라운 업적이 아닐 수 없다. 오일러는 모두 866권의 책을 저술했다. 그런데 오일러를 연구한 대부분의 학자들은 오일러의 종교와 신앙을 배제하고는 오일러의 삶과 수학적 작업을 이해할 수 없다고 생각한다.[14] 천재 오일러는 자신의 신앙과 수학을 하나로 수렴한 그리스도인이었기 때문이다.

오일러의 아버지는 칼빈주의 개혁파 목사였던 파울 오일러(Paul Euler)이다. 오일러는 아버지가 스위스의 바젤에서 목회를 할 때 태어났는데, 오일러에게 신앙과 수학을 가르친 사람은 바로 아버지였다. 오일러는 본래 목사가 되기 위해 바젤대학에 신학부에 입학했다. 오일러가 수학으로 전공을 바꾸게

된 것은 요한 베르누이라는 당대 가장 저명한 수학자가 오일러의 수학적 재능을 알아본 것이 계기가 되었다. 이후 오일러는 요한 베르누이에게 수학을 배운다.

오일러는 다양한 언어를 구사했다. 신학공부를 위해 히브리어와 그리스어를 공부하고, 모국어에 해당하는 독일어 외에도 라틴어, 프랑스어, 러시아어 그리고 영어를 사용하여 논문과 글을 썼다.

오일러는 20대 후반에 오른쪽 눈의 시력을 거의 상실했고, 마지막 12년 동안은 모든 시력을 상실한 채로 열정적인 연구와 흔들림 없는 신앙생활을 한다. 예를 들어, "행성과 혜성의 운동이론"과 같은 유명한 논문은 그가 완전히 시력을 상실한 시기에 나온 작품이다. 이처럼 오일러는 계몽주의 이후 이성의 시대를 살아가면서 이성의 정점에 있었던 수학을 통하여 자신이 소중하게 믿는 바를 증명하고자 노력했다.

오일러의 삶의 중심에서 변함없이 쉼 없이 흐르는 생동력에는 언제나 종교적 힘이 내재되어 있었다. 그는 시력을 잃어 가면서도 죽는 순간까지 신의 영광을 위한 연구를 그치지 않을 정도로 열정적이고 헌신적인 삶을 살았던 수학계의 베토벤이다.

014

신의 무한성을 정의한 칸토르

헤르만 바일(Herman Weyl)은 현대 수학이란 무한에 대한 연구라고 정의한다. 그리고 바일은 수학에서 무한은 종교적 직관과 같은 방향을 가진 연구라고 생각했다.[1] 순수한 수학적 탐구는 그 어떤 수단보다도 신의 문제에 가장 가까이 도달할 수 있는 기회를 제공해 준다는 것이다. 이러한 이야기가 가능한 것은 집합론(set theory)이 있었기 때문이고, 집합론은 게오르그 칸토르(Georg Cantor, 1845~1918)가 있었기에 가능했다. 칸토르에 의해서 무한이 집합의 개념을 통해 수학적으로 정의된 후에야 현대 수학은 형성되었기 때문이다. 칸토르는 무한의 문제에 도전할 때, 이미 특별한 종교적 통찰력을 바탕으로 연구했다.

칸토르에게 수학은 종교의 도구였으며, 집합론은 형이상학적 신학으로 통합될 수 있는 것이었다.

"창조적으로 가능한 것의 기원에 관한 통찰을 모두 확장시키면 틀림없이 신의 대한 지식의 확장이 나온다."(*Archive for History of Exact Sciences* 2 (1965), 511)[2]

칸토르는 형이상학을 존재에 대한 과학(the science of the existing)으로 정의하고, 동시에 형이상학은 과학 안에 포함되어 있다고 여긴다. 종교는 모든 형이상학적 논의에 필수적으로 포함되어 있고, 형이상학은 확장된 종교인 것이다.

무한을 정의한 수학자

칸토르는 1854년 부유한 상인이었던 칸토르(W. G. Cantor)의 맏아들로 태어났는데, 칸토르의 아버지는 프로테스탄트인 루터교 신자였고, 어머니는 로마 가톨릭 신자였다. 칸토르는 루터교의 독실한 신자였다. 후에 그가 가톨릭 교리에 관심을 갖고 가톨릭 인사들과 대화할 수 있었던 것은 당시의 문화 배경과 어머니의 영향과 관계가 있었다.[3]

칸토르는 베를린 대학에서 수학의 대가 바이어슈트라스(Karl Weierstraß, 1815~1897), 크로네커(Leopold Kronecker, 1823~1891), 쿰머(Ernst Eduard Kummer, 1810~

1893)에게 배울 수 있었고, 졸업 후 1869년 할레 대학교(University of Halle)에서 교수로서의 생활을 시작한다.[4]

현대 수학의 기점이 되는 칸토르의 집합론은 무한 연구의 부산물이었다. 그는 푸리에 급수의 엄밀성을 세우고자 하였다. 이를 위해서 칸토르는 당시 수학자들이 직접 다루기를 금기시 하였던 무한의 문제를 직접 다루면서, 무한집합 사이의 크기를 기수(cardinal number)의 개념으로 비교하였다.

이를 위해서 칸토르는 두 무한 집합 사이에 '일대일 대응'(one-to-one correspondence)이 성립할 경우에는 두 집합의 크기가 같음을 보였다. 예를 들어, 자연수 집합과 유리수 집합의 크기는 같음이 증명된다. 즉 자연수 집합의 기수를 $\aleph_0$ 라고 하면, 유리수 집합의 크기도 $\aleph_0$이다.[5]

그 다음 칸토르는 무한집합 가운데 자연수 집합과 실수 집합의 크기를 비교하여, 두 집합의 크기가 같지 않다는 것을 증명하였다. 즉 자연수 집합의 기수가 $\aleph_0$라면, 실수 집합의 기수는 $2^{\aleph_0}$로서 $\aleph_0$보다 큰 무한임을 보인 것이다. 칸토르는 실수의 기수를 $\aleph_1$ 이라고 명명하였다. $\aleph_0$는 셀 수 있는 무한(the countable infinite)으로 정의되고, $\aleph_1$은 셀 수 없는 무한(the uncountable infinite)으로 정의된다.

유한한 인간이 무한 자체를 다룰 수 없다고 믿어 왔던 지성의 역사 속에서 칸토르는 무한 자체를 하나의 통합된 전체(unified totality)로서 다루는 새로운 장을 연다. 더 이상 무한을 일종의 끝없는 불완전 수열(가무한)로 이해할 필요가 없다.[6] 즉 무한이 더 이상 유한에 대한 부정 개념(negative concept)으로서 이해되는 것이 아니라, 무한을 긍적적 개념(positive concept)으로 정의하여 이해하는 역사적 사건이 이루어진 것이다. 그래서 무한에 대한 연구는 칸토르를 분기점으로 칸토르 이전과 칸토르 이후로 구별되고, 아리스토텔레스 이후 가무한(the potential infinite)으로 이해되던 무한은 칸토르 이후 실무한(the actual infinite)으로 이해된다.

칸토르는 무한을 다음과 같이 세 가지로 구분하며 무한의 존재 양식을 새롭게 규명한다(*Gesammelte Abhandlungen mathematischen und philosophischen Inhalts*, 1932).[7]

(1) 절대적 무한(the absolute infinite)

(2) 물리적 무한(the physical infinite)

(3) 수학적 무한(the mathematical infinite)

(1) 절대적 무한이란 신 내에서(*in Deo*) 실현되는 무한으로, 종

교적 무한이라고 할 수 있다. 칸토르는 절대적 무한이야말로 가장 완전한 형태로 실현되는 무한이며, 완전히 독립적이고 초월적인 존재 즉 신에 의해 실현되는 무한이라고 생각한다. 그러므로 칸토르에게 무한을 다루는 수학 속에는 이미 종교적 의미가 포함되어 있다.

(2) 물리적 무한은 창조된 세계 내에서(*in concreto*) 존재하는 구체적 무한이며, 그 세계는 발연적(contingent) 속성을 가지고 있다. 예를 들어, 무한히 작은 입자들로 이해되는 물리적 세계와 관련된 실무한(the actual infinite)이다.

(3) 수학적 무한은 추상 내에서(*in abstracto*) 존재하는 초한적 무한(the transfinite)이다. 예를 들어, 마음이 추상적으로 수학적 양이나 수로 이해하는 실무한(the actual infinite)을 의미했다.

칸토르의 신

칸토르는 가장 궁극적인 '절대적 무한'(absolute infinity)을 생각하고, 절대적 무한을 대문자 오메가 Ω로 표시한다. 칸토르에게 이 절대적 무한은 인간의 지성에 의해 정복될 수 없는 대상, 즉 도달될 수 없는 대상을 의미하는 것으로 '신'을 표현하는 것이었다.

칸토르는 친구 수학자 미탁-레플러(G. Mittag-Leffler, 1846~1927)에게 보낸 편지에서 다음과 같이 자신의 종교적 역할을 고백한다.

"나는 단지 고차원적 힘의 도구이네. 그 힘은 내가 죽은 후에도 유클리드와 아르키메데스에게 계시한 것과 같이 미래에도 그 과정을 계속 추진할 것이네."(Georg Cantor, 1883년 12월 23일자 편지)[8]

칸토르는 수학자로서의 역할을 신의 도구로 이해한다. 그 역할은 신이 계시한 내용을 이해하고 전하는 메신저를 의미한다.[9] 그래서 그는 무한집합에 관한 이론을 신이 계시한 법칙으로 받아들이고, 신이 주는 영감을 통해서 이해할 수 있다고 생각한다.[10]

칸토르는 프란첼린(Johannes Baptist Franzelin) 추기경과 함께 무한집합들이 신의 창조 안에서의 추상과 구체에서 생길 수 있는지에 관하여 토론하고, 신의 창조가 신의 완전성의 필연적 결과인지에 관하여도 토론한다.[11] 프란첼린 추기경은 칸토르의 주장에서 초월적 무한의 가능성에는 동의했으나 초월적 무한의 필연성에 대해서는 거부했다. 그 이유는 신의 절대 자유에 모순을 가져올 수 있다고 생각했기 때문이었다.

프란첼린의 주장에 대하여 칸토르는 실무한과 절대무한을 구분하여 답변한다. 실무한은 집합론을 통해서 인간이 이해할 수 있는 무한이지만, 절대무한은 인간이 알 수 없는 무한이므로 신의 자유와 모순되지 않는다는 것이다. 이러한 주장은 칸토르가 무한을 절대무한과 실무한으로 구분하여, 절대무한은 연장할 수 없는 무한으로 정의하고 실무한은 연장할 수 있는 무한으로 정의했던 내용과 논리적으로 모순이 없다.[12] 칸토르에 따르면 절대무한은 신과 신의 속성을 지시하지만, 실무한은 우주 내에서 개체 피조물들의 속성을 지시한다.[13]

프란첼린 추기경은 결국 칸토르의 주장에 동의했다. 그리고 프란첼린의 제자였던 구트베어레트(C. Gutberlet)는 칸토르의 주장을 수용하는 신학 서적 『형이상학적이고 수학적으로 해석되는 무한』(*Das Unendliche, metahphysisch und mathematisch betrachten*, Mainz, 1878)을 펴내기도 하였다.[14] 여기에서 구트베어레트는 칸토르의 실무한 개념으로 자신의 주장을 개진하였다.

그러나 구트베어레트의 주장에 대하여 칸토르는 미분으로부터 실무한의 개념을 도출하는 것은 잘못이라고 지적한다. 미분은 단지 가무한(the potential infinite)만을 표현할 수 있다는 것이 칸토르의 생각이기 때문이다. 중세를 대표하는 신학자이자 철학자인 토마스 아퀴나스(Thomas Aquinas)는 자연세계에서의 실무한을 거부했다. 반면, 칸토르는 구체에서의 실무한과 추상에서의 실무한을 굳게 믿었다.[15] 이것이 칸토르의 수학과 신에 대한 새로운 이해로 결합된다.

칸토르는 헤만(Karl Friedrich Heman, 1839~1919)으로부터 다음과 같은 두 문장의 관계에 대한 질문을 받았다(1888년 6월 21일자 편지).[16]

(1) 세계와 세계의 시간은 시간의 유한 공간 이전에 시작되었습니까? 아니면 세계의 지나간 시간은 유한한 것입니까? 어떤 것이 기독교의 교리에 적합하며 참된 문장입니까?

(2) '실무한의 수는 존재하지 않는다.' 이것은 거짓입니다. 따라서 기독교 교리도 존재하지 않습니다.

이에 대하여 칸토르는 두 문장의 차원을 구별한다. 그리고 그는 다음과 같이 답변한다.

> "문장 (1)은 "구체적인 세계의 피조물"(Concrete creatüliche Welt)에 대한 언급이고, 문장 (2)는 "수의 이상적인 영역"(ideale Gebiet der Zahlen)에 대한 언급입니다. 문장 (1)의 진릿값은 문장 (2)의 진릿값의 결과가 전혀 아닙니다."

헤만이 오해하는 것과는 달리, 칸토르는 기독교 교리가 문장 (2)를 신앙의 비밀로 오인하도록 만들진 않는다고 해석한다.

칸토르는 엄격하게 구체(concreto)와 추상(abstracto) 사이의 무한을 구분했다. 플라톤주의를 인정하는 형이상학적 신학에서는 추상에서의 실무한만을 받아들일 수 있었으나, 칸토르는 구체에서의 실무한과 추상에서의 실무한을 모두 인정한다. 예를 들어, 그는 구체적으로 물리세계 내의 원자들이 $\aleph_0$의 무한집합을 형성할 수 있다고 보고, 우주의 원자들의 집합은 $\aleph_1$이거나 그 이상의 기수를 가질 수 있다고 생각한다.

칸토르에 따르면 법칙을 만들어 주지만 동시에 법칙에 종속되지 않는 자유를 가진 신이 창조한 세계에 우리가 살고 있다.

그래서 칸토르에게 유한한 인간이 유한의 한계를 넘어서 무한의 주제를 연구할 수 있는 근거는 바로 신이 허락한 자유에 있다.

> "수학의 본질은 정확하게(*gerade*) 수학의 자유에 있다."
> (*Grundlagen* §3.4.5)[17]

015

신의 존재를 증명한 괴델

쿠르트 괴델(Kurt Gödel, 1906~1978)은 1931년 역사상 가장 위대한 증명에 속하는 괴델의 불완전성 정리(Gödel's incompleteness theorems)를 증명한다. 이 증명을 통해서 그는 다음과 같은 놀라운 메시지를 남긴다.[1]

> "모순이 없는 형식 시스템(formal system) 내에는 그 형식 시스템 내에서 긍정을 증명할 수도 없고 부정을 증명할 수도 없는 결정 불가능한 논리식(undecidable sentence)이 존재한다. 즉 그 형식 시스템은 불완전하다."(괴델의 제1불완전성 정리)

만일 수학이란 형식 시스템이 모순이 없는 형식 시스템일 때, 수학 내에는 참의 진릿값을 가지지만 증명될 수 없는 논리식이 존재한다는 것이다. 괴델의 불완전성 정리에 따르면, 수학적 진리의 세계는 수학적 증명의 세계보다 더 크다. 곧 수학적 증명을 통해서 증명될 수 없는 수학적 진리가 존재한다는 것이 증명된다. 그래서 아리스토텔레스 이후 가장 위대한 논리학자로 불리는 괴델의 불완전성 정리는 과학 시대의 모든 지적 작업을 겸허하게 돌아볼 수 있게 해주며, 모든 과학적 활동을 겸손하게 성찰할 수 있게 도와준다.

또한 괴델에 따르면 수학의 무모순성은 수학이 증명할 수 없다.

> "형식 이론(formal theory)에 모순이 없다면, 그 형식 이론의 무모순성(consistency)은 형식 이론 내에서 증명될 수 없다. 즉 그 형식 이론은 불완전하다."(괴델의 제2불완전성 정리)

괴델의 정리에는 자기 한계의 인식과 자기 한계의 초월이라는 종교적 논제가 담겨 있다. 괴델의 제2불완전성 정리에 따르면, 만일 T_k가 모순 없는 형식 이론이라면 T_k는 자체의 무모순성을 증명할 수 없다. 그런데 더 강력한 공리를 추가한 T_{k+1}은 T_k의 무모순성을 증명할 수 있다. 즉 괴델은 모든 진리에 대하여 알 수 없음을 이야기하는 것이 아니다. 괴델의 불완전성 정리는 자기 자신과 관련된 진리 명제 또는 무모순성을 증명할 수 없음을 보여준 것이다. 그러므로 괴델은 이 한계 상황을 인식하는 합리성과 한계 상황을 극복하는 합리성을 함께 제시한다.

신을 이해하려는 수학자들의 노력과 시도는 다양했다. 기원전 6세기의 피타고라스는 수와 수의 비례(*ratio*)를 이해하는 것이 신을 이해하는 길이라고 생각했다. 15세기의 쿠자누스는 무한에 대한 이해를 모델로 신을 이해할 수 있을 것이라고 생각했다. 18세기의 뉴턴은 질서와 합리성이 내재된 세계를 창조한 신을 수학의 신으로 이해하였다. 19세기의 칸토르는 신을 논리적으로 이해하기 위하여 무한의 문제에 도전했다. 20세기의 괴델은 신의 존재를 수학적으로 증명하려 한다.

괴델은 오스트리아 브뤼노 출신의 수학자이다. 1940년 미국으로 이주한 후 물리학자 아인슈타인과 더불어 미국 뉴저지의 프린스턴에 있는 고등학문연구소(Institute for Advanced Study)를 상징하는 학자이다.[2]

괴델은 존경하는 친구 아인슈타인을 위해 상대성이론에 관한 논문을 발표하는데, 그 공로로 아인슈타인 상의 첫 번째 수상자가 된다(1951년).[3] 시간 여행이 가능하다는 '괴델의 회전하는 우주론(Gödel's Cosmology)'은 현재에도 학계의 중요한 주제이다. 아인슈타인이 '20세기 물리학의 교황'으로 불린다면, 괴델은 '20세기 수학의 수도자'로 불리는 것이 어울릴 것이다.

괴델은 미국의 시사주간지 《타임》지가 선정한 20세기 인물 100명 가운데 한 명이다.[4] 하버드 대학은 1952년에 '금세기의 가장 중요한 수학적 진리를 발견한 사람'이라고 추서하며 괴델에게 명예박사 학위를 수여했다.[5] 괴델의 학문적 업적은 현재 수학과 논리학뿐만 아니라 철학과 이론물리학, 컴퓨터과학, 인지과학 그리고 신학에 이르기까지 다양한 영역에서 중요한 영향을 주고 있다.

괴델과 아인슈타인

괴델의 종교와 신학

괴델은 루터 교회에서 세례를 받았고 루터교 계통의 학교를 다녔다. 괴델의 부친은 가톨릭교회의 신자였고, 모친은 루터 교회의 신자였다. 사후에 공개된 괴델의 서재에서는 기독교와 관련된 여러 권의 서적이 발견되었다. 괴델의 부인 아델레(Adele)의 증언에 따르면 괴델은 일요일마다 성서를 읽었다고 한다.[6] 괴델은 특히 말년에 다양한 신학적 생각을 기록하였으며, 교회의 역사에 대한 자세한 내용을 정리하기도 한다.[7] 사후에 발견된 괴델의 노트들 가운데에는 표지에 '신학'이라고 기록한 몇 권의 '신학 노트'가 포함되어 있다.

괴델은 자신의 신학을 '합리론적 신학'(rational theology)이라고 표명하였는데, 이는 철학적 형이상학과는 구분된다.[8]

> "나의 이론은 중심 모나드[즉, 신]를 가진 모나드론(Monadology)이다. 나의 철학은 합리론적 철학, 이상론적 철학, 낙관론적 철학, 신학적 철학이다."[9]

괴델의 신에 대한 생각은 사후에 발견된 질문서의 답변에서 드러났다. 이 질문서는 1975년 12월에 그랜진(Burke Granjean)이라는 텍사스 대학 사회학과 박사과정 학생이 괴델에게 보낸 것이었는데, 모두 17개 큰 항목과 소질문으로 구성되어 있다. 괴델은 질문서에 모두 답을 기록하였으나 그랜진에게 발송하지는 않았다. 특히 종교와 관련된 13번의 두 번째 질문(b)은 다음과 같다.

(b) 당신의 종교는 무엇입니까?

이에 대하여 괴델이 작성한 답은 다음과 같다.

"개신교 루터교의 신자로서 세례를 받았습니다. 나의 신앙은 범신론적 신앙(pantheistic faith)이 아니라 유일신론적 신앙(theistic faith)입니다(스피노자의 신론이 아니라 라이프니츠의 신론을 따릅니다)."[10]

괴델은 라이프니츠 신학의 영향을 받았다.[11] 괴델의 신 존재 증명은 라이프니츠의 존재론적 증명에서 출발하는 새로운 수학적 작업인데, 이 점에서도 라이프니츠의 신 개념과 관련되어 있다.[12] 괴델이 모든 사물의 전체 집합으로서 신(God)과 자연(Nature)을 하나의 실체(substance)로 보았던 스피노자의 범신론적 주장에 동의하지 않았던 것은 틀림없다.[13]

괴델의 종교적 견해는 그가 가장 신뢰하고 소중하게 생각한 어머니 마리안네(Marianne)와의 서신에서 잘 나타나 있다.[14] 1961년 7월 23일자 편지에서 괴델은 세계가 합리적으로 조직된 것이라 말한다.[15] 과학은 세계의 질서와 규칙성을 잘 보여주는데, 세계의 질서는 합리성(rationality)의 한 형태라고 괴델은 표현했다.

"오늘날 신학적 세계관을 과학적으로 정당화하기는 어렵지요. 그러나 저는 신학적 세계관이 모든 알려진 사실들과 완전하게 양립할 수 있다는 것을 합리적인 방식만으로도 충분히 이해할 수 있다고 이미 생각하고 있습니다."[16]

(1961년 10월 6일자 서신에서)

괴델은 신학적 세계관을 과학적으로 정립하기 어렵지만, 신학적 세계관이 과학적으로 알려진 사실들과 모순이 없음을 합리적으로도 이해할 수 있다고 생각한다. 이러한 노력은 250년 전의 수학자이자 신학자였던 라이프니츠가 시도한 것이고 괴

modernen Wissenschaft geworden. – Man ist natürlich
heute weit davon entfernt, das theologische Weltbild wis-
senschaftlich begründen zu können, aber ich glaube, schon
heute dürfte es möglich sein, rein verstandesmässig (ohne
sich auf den Glauben an irgend eine Religion zu stützen)
einzusehen, dass die theologische Weltanschauung mit
allen bekannten Tatsachen (einschliesslich der Zustände,
die auf unserer Erde herrschen) durchaus vereinbar ist.
Das hat schon vor 250 Jahren der berühmte Philosoph
u. Mathematiker Leibniz zu tun versucht, u. das ist es auch, was ich
in meinen letzten Briefen versucht habe. Was ich theologische
Weltanschauung nenne, ist die Vorstellung, dass die Welt
u. alles in ihr Sinn u. Vernunft hat, u. zwar einen guten u.
zweifellosen Sinn. Daraus folgt unmittelbar, dass unser
Erdendasein, da es an sich höchstens einen sehr zweifelhaften
Sinn hat, nur Mittel zum Zweck für eine andere Existenz
sein kann. Die Vorstellung, dass alles in der Welt einen Sinn hat,
ist übrigens genau analog dem Prinzip, dass alles eine Ursache
hat, worauf die ganze Wissenschaft beruht.
Mit tausend Bussis immer Dein Kurt.
Herzliche Grüsse an Rudi. Wie geht es ihm? – Ich würde mich sehr freuen [illegible]

괴델의 서신(1961년 10월 6일자)

델 자신도 지난 번 편지에서 어머니에게 설명하려고 했던 것이라고 밝힌다.

같은 서신에서, 괴델은 세상과 그 안의 모든 것들이 '의미'(meaning)와 '이유'(reason)를 가지고 있다는 생각을 '신학적 세계관'이라고 불렀다. 그리고 세계 안의 모든 것이 의미를 가진다는 생각은 결국 모든 것이 원인을 가지고 있다는 전체

과학의 법칙과 논리적으로 동일한 것이라고 설명하고 있다.[17]

괴델의 신

괴델은 신의 존재를 수학적으로 증명하고자 시도하였다. 그가 남긴 증명 메모는 1970년의 것이지만, 그의 증명 작업의 흔적은 1930년대까지 거슬러 올라간다. 그러므로 30년 이상 괴델이 이 문제를 풀었다는 것을 알 수 있다.

이 증명에서 괴델은 단지 3개의 정의와 5개의 공리를 사용했다.[18] 이때 괴델이 생각한 신의 정의는 다음과 같았다.

$$G(x) \equiv \forall (\varphi)[P(\varphi) \supset \varphi(x)]$$

(풀이: x가 신이라는 것을 정의하면 모든 성질 φ에 대하여 φ가 긍정성일 때 x는 φ을 가지는 것이다.)

이 증명에서 괴델이 정의한 신은 모든 긍정성(all positive properties)을 가지고 있는 존재이다.[19] 어떤 대상이 존재해서, 그 대상이 긍정성을 본질성(essence property)으로 가지고 있고, 그 대상이 가진 모든 본질이 긍정성이라면 곧 신과 같다는 것이다. 괴델에 따르면, 신이 가지는 긍정성은 다음을 만족한다.

(1) 도덕적 의미의 긍정성

(2) 미학적 의미의 긍정성

(3) 논리적 의미의 긍정성

여기에서 괴델은 (1) 도덕적 긍정성과 (2) 미학적 긍정성이 만족될 때 (3) 논리적 '공리'가 참이 된다고 본다. 다시 말해서 (1) '선'과 (2) '미'의 전제 위에서 (3) '진'은 타당한 명제가 된다. 괴델에게 신이 논리적 긍정성을 가진다는 것은 곧 신의 선함과 아름다움의 긍정성이 전제된 해석이다.

괴델은 신의 정의를 만족하는 대상이 존재가능하다면, 그 대상은 필연적으로 존재함을 증명한다. 괴델에 따르면, 양상논리 시스템 S_5와 고계논리(higher order logic)를 사용할 때 신의 존재 증명을 위해서는 다섯 개의 공리와 세 개의 정의와 두 개의 정리가 있으면 충분하는 것이다.

괴델은 먼저 x가 신의 성질을 가진다면(즉, x가 신과 같은 존재라면), 신의 성질은 x의 본질임을 증명한다. 다음으로, x가 신의 성질을 가진다면, 신의 성질을 가지는 x가 필연적으로 존재함을 증명한다. 마지막 단계에서 다음과 같은 내용이 논리적으로 유도된다.

(1) 신의 성질을 가진 x가 존재하는 것이 가능하면, 신의 성질을 가진 x가 필연적으로 존재한다.

(2) 신의 성질을 가진 x가 존재하는 것이 가능하다.

따라서, (1)과 (2)의 전건긍정법(modus ponens)에 의해, 신이 필연적으로 존재하는 것이 증명될 수 있다.

수학적으로 말하면 괴델의 증명은 '극대긍정성'(the maximal positive property)의 구상을 통해 신의 존재를 증명하고자 한 것이다. 괴델 자신은 신의 존재에 대한 수학적 증명을 흡족하게 여겼다. 그러나 그는 신을 완전히 인식할 수 있다는 오해를 초래하기 원치 않았기 때문에 출판을 사양한다. 괴델은 인간의 불완전한 지식 내에서 신을 완전하게 인식할 수 없다고 생각하기 때문이다. 모든 긍정성을 가진 신은 존재한다. 그러나 신에 대한 우리의 인식은 불완전하다. 신에 대해서는 신만이 완전하게 아신다.

참 고 문 헌

ㅁㅁ]

권오대, 『아인슈타인 하우스』(서울: 새길, 2010).

A. Einstein, *Einstein On Cosmic Religion and Other Opinions and Aphorisms* (New York: Dover Publications, 2009).

A. Einstein, *Ideas and Opinions* (New York: Crown Publishers, 1954).

A. Einstein, *Out of My Later Years* (New York: Philosophical Publishers, 1950)

A. Einstein, *The World As I See It* (New York: Philosophical Library, 1949).

A. Pais, *Einstein Lived Here*, 이용원 옮김, 『신화는 계속되고: 아인슈타인의 삶과 사상』(서울: 범한서적, 1996).

D. Brian, *Einstein: A Life*, 승영조 옮김, 『아인슈타인 평전』(서울: 북폴리오, 2004).

J. Bernstein, *Albert Einstein - and the Frontiers of Physics*, 이상현 옮김, 『아인슈타인』(서울: 바다출판사, 2002).

M. Jammer, *Einstein and Religion: Physics and Theology* (New Jersey: Princeton University Press, 1999).

M. Stanley, 김정은 옮김, "아인슈타인은 인격화된 신을 믿었다?" R. Numbers (ed.) *Galileo Goes to Jail And Other Myths About Science and Religion*, 『과학과 종교는 적인가 동지인가』(서울: 뜨인돌, 2010), 285-297.

S. Hawking, *The Illustrated on the Shoulders of Giants: The Great Works of Physics and Astronomy*, 김동광 옮김, 『거인들의 어깨 위에 서서: 물리학과 천문학의 위대한 업적들』(서울: 까치, 2006), 223-283

W. Heisenberg, 김용준 옮김, 『부분과 전체』(서울: 지식산업사, 2011).

002

C. Sykes, *No Ordinary Genius: The Illustrated Richard Feynman* (New York: W. W. Norton & Company, 1994).

J. Gleik, *Genius* (1992), 황혁기 옮김, 『천재: 리처드 파인만의 삶과 과학』(서울: 승산, 2005).

J. Gribbin *Richard Feynman: A Life in Science* (1997), 김희봉 옮김, 『나는 물리학을 가지고 놀았다』(서울: 사이언스북스, 2004).

J. Ottaviani & L. Myrick, *Feynman* (2011), 이상국 옮김, 『파인만』(서울: 서해문집, 2011).

L. Krauss, *Quantum Man: Richard Feynman's Life in Science* (2012), 김성훈 옮김, 『퀀텀맨: 양자역학의 영웅 파인만』(서울: 승산, 2012).

R. Feynman, "The Relation of Science and Religion," *The Pleasure of Finding Things Out* (Cambridge: Perseus Publishing, 1999), 245-257.

R. Feynman, "The Uncertainty of Values," *The Meaning of It All: Thoughts of a Citizen Scientist* (Cambridge: Perseus Publishing, 1998), 31-57.

R. Feynman, *Feynman Lectures on Computation* (Boulder: Westview Press, 2000).

R. Feynman, *QED: The Strange Theory of Light and Matter* (1988), 박병철 옮김, 『파인만의 QED 강의』(서울: 승산, 2001).

R. Feynman, R. Leighton, M. Sands, *The Feynman Lectures on Physics I* (Reading: Addison-Wesley Publishing Company, 1989).

R. Feynman, 김희봉 · 승영조 옮김, 『발견하는 즐거움』(서울: 승산, 2001).

R. Feynman, 정무광 · 정재승 옮김, 『과학이란 무엇인가?』(서울: 승산, 2008).

003

C. Hartshorne, *Omnipotence and Other Theological Mistakes* (1984), 홍기석 · 임인영 옮김, 『하나님은 어떤 분이신가: 하나님의 전능하심과 여섯 가지 신학적인 오류』(서울: 한들, 1995).

E. Schrödinger, 전대호 옮김, “에필로그: 결정론과 자유의지에 관하여,” 『생명이란 무엇인가』(서울: 궁리, 2007), 143-149.

E. Schrödinger, 전대호 옮김, “과학과 종교,” 『정신과 물질』(서울: 궁리, 2007), 231-248.

F. Dyson, *Infinite In All Directions* (New York: Harper & Row Publishers, 1998).

F. Dyson, *The Sun, the Genome, and the Internet* (1999), 류소 옮김, 『태양, 지놈 그리고 인터넷』(서울: 사군자, 2001).

F. Dyson, *A Many-Colored Glass* (2007), 곽영직 옮김, “인간 경험의 다양성,” 『그들은 어디에 있는가』(서울: 이파르, 2008), 211-243.

F. Dyson, 신중섭 옮김, 『무한한 다양성을 위하여』(서울: 범양사, 1991).

F. Dyson, *Imagined Worlds* (1997), 신중섭 옮김, 『상상의 세계』(서울: 사이언스북스, 2000).

F. Dyson, *Disturbing the Universe* (2001), 김희봉 옮김, 『프리먼 다이슨 20세기를 말하다: 과학자의 눈으로 본 인간, 역사, 우주 그리고 신』(서울: 사이언스북스, 2009).

004

K. Sterelny, *Dawkins VS. Gould: Survival of the Fittest*, 장대익 옮김, 『유전자와 생명의 역사』 (서울: 몸과마음, 2002).

M. Ruse, *Can a Darwinian Be a Christian?: The Relationship between Science and Religion* (Cambridge: Cambridge University Press, 2000).

S. Gould, “Impeaching a Self-Appointed Judge,” *Scientific American*, 267 (1992): 118-121.

S. Gould, “Nonoverlapping Magisteria,” *Natural History* 106 (1997): 16-22.

S. Gould, “‘What is life?’ as a problem in history,” M. Murphy & L. A. J. O'Neill(eds.), *What is Life? The Next Fifty Years: Speculations on the Future of Biology* (Cambridge: Cambridge University Press, 1995), 25-39.

S. Gould, "다윈과 페일리, 보이지 않는 손을 만나다," 『여덟 마리 새끼 돼지』 김동광 옮김 (서울: 현암사, 2008), 195-216.
S. Gould, *Ever Since Darwin: Reflections on Natural History*, 홍욱희 홍동선 옮김, 『다윈 이후』 (서울: 사이언스북스, 2008).
S. Gould, *Panda's Thumb*, 김동광 옮김, 『판다의 엄지』 (서울: 세종서적, 1998).
S. Gould, *Rocks of Ages: Science and Religion in the Fullness of Life* (New York: Ballantine Books, 1999).
S. Gould, *The Mismeasure of Man*, 김동광 옮김, 『인간에 대한 오해』 (서울: 사회평론, 2003).
S. Gould, *Wonderful Life: The Burgess Shale and the Nature of History*, 김동광 옮김, 『생명 그 경이로움에 대하여』 (서울: 경문사, 2004).
장대익, 『다윈의 식탁』 (서울: 김영사, 2008).

005

I. Barbour, *Issues in Science and Religion* (Englewood Cliffs: Prentice-Hall, 1966).
I. Barbour, *Myths, Models and Paradigms: A Comparative Study in Science and Religion* (New York: Harper & Row, 1974).
I. Barbour, *Nature, Human, and God* (Minneapolis: Fortress Press, 2002).
I. Barbour, *Religion and Science: Historical and Contemporary Issues* (San Francisco: Harper San Francisco, 1997).
I. Barbour, *Religion in an Age of Science* (San Francisco: Harper San Francisco, 1990).
I. Barbour, *When Science Meets Religion: Enemies, Strangers, or Partners?* (San Francisco: Harper San Francisco, 2000).
I. Barbour, 이철우 옮김, 『과학이 종교를 만날 때』(서울: 김영사, 2002).
J. Polkinghorne, *Scientists as Theologians: A Comparison of the Writings of Ian Barbour, Arthur Peacocke and John Polkinghorne* (London: SPCK, 1996).

R. Russell(ed.), *Fifty Years in Science and Religion: Ian G. Barbour and His Legacy* (Aldershot: Ashgate, 2004).
S. McFague, "Ian Barbour: Theologian's Friend, Scientist's Interpreter," *Zygon* 31 (2005): 21-28.

006

J. Polkinghorne, "Mathematical Reality," *Meaning in Mathematics* (Oxford: Oxford University Press, 2011), 27-34.
J. Polkinghorne, *Belief in God in an Age of Science*, 이정배 옮김, 『과학시대의 신론』(서울: 동명사, 1998).
J. Polkinghorne, *One World* (New Jersey: Princeton University Press, 1985).
J. Polkinghorne, *Quantum Physics and Theology*, 현우식 옮김, 『양자물리학 그리고 기독교신학』(서울: 연세대학교출판부, 2009).
J. Polkinghorne, *Quantum Theory: A very Short Introduction* (Oxford: Oxford University Press, 2002).
J. Polkinghorne, *Quantum World* (New Jersey: Princeton University Press, 1985).
J. Polkinghorne, *Quarks, Chaos and Christianity*, 우종학 옮김, 『쿼크, 카오스 그리고 기독교』(서울: SFC, 2009).
J. Polkinghorne, *Science and Theology* (London: SPCK, 1998).
J. Polkinghorne, *Searching for Truth*, 이정배 옮김, 『진리를 찾아서』(서울: KMC, 2003).
J. Polkinghorne, *The God of Hope and the End of the World* (Yale University Press, 2002).
J. Polkinghorne, "물리학자에서 사제로," Ted Peters(ed.), 신재식 외 옮김, 『과학과 종교: 새로운 공명』(서울: 동연, 2002), 101-116.
현우식, 『과학으로 기독교 새로 보기』(서울: 연세대학교출판문화원, 2012).

ㅁㅁㄱ

D. Danielson, 김정은 옮김, "코페르니쿠스적 세계관이 인간의 지위를 우주의 중심에서 내몰았다?" R. Numbers(ed)『과학과 종교는 적인가 동지인가』(서울: 뜨인돌, 2010), 81-93.

J. Henry, *Moving Heaven and Earth: Copernicus and the Solar System*, 예병일 옮김, 『왜 하필이면 코페르니쿠스였을까』(서울: 몸과마음, 2003).

N. Copernicus, *On the Revolutions of Heavenly Sphere* (New Yrok: Prometheus, 1995).

N. Copernicus, "천구의 회전에 대하여," S. Hawking, *The Illustrated on the Shoulders of Giants: The Great Works of Physics and Astronomy*, 김동광 옮김, 『거인들의 어깨 위에 서서: 물리학과 천문학의 위대한 업적들』(서울: 까치, 2006), 27-59.

O. Gingerich & J. MacLachlan, *Nicolaus Copernicus: Making the Earth a Planet*, 이무현 옮김, 『지동설과 코페르니쿠스』(서울: 바다출판사, 2006).

O. Gingerich, *God's Universe* (Cambridge: Harvard University Press, 2006).

O. Gingerich, *The Book Nobody Read* (2004), 장석봉 옮김, 『아무도 읽지 않은 책』(서울: 지식의 숲, 2008).

R. Westman, "코페르니쿠스론자들과 교회," 『신과 자연: 기독교와 과학, 그 만남의 역사』(서울: 이화여자대학교출판부, 1986), 112-160.

S. Hawking, *The Illustrated on the Shoulders of Giants: The Great Works of Physics and Astronomy*, 김동광 옮김, 『거인들의 어깨 위에 서서: 물리학과 천문학의 위대한 업적들』(서울: 까치, 2006).

S. Hawking & L. Mlodinow, *The Grand Design* (New York: Bantam Books, 2010).

T. Kuhn, *The Copernican Revolution: Planetary Astronomy in the Development of Western Thought* (Cambridge: Harvard University Press, 1957).

현우식, "코페르니쿠스의 과학신학," 「조직신학논총」 37 (2013): 103-140.

008

J. MacLachlan, 이무현 옮김, 『물리학의 탄생과 갈릴레오』(서울: 바다출판사, 2002).

G. Galilei, "두 새로운 과학에 대한 대화," S. Hawking, *The Illustrated on the Shoulders of Giants: The Great Works of Physics and Astronomy*, 김동광 옮김, 『거인들의 어깨 위에 서서: 물리학과 천문학의 위대한 업적들』(서울: 까치, 2006), 76-114.

M. White, 김명남 옮김, 『갈릴레오』(서울: 사이언스북스, 2009).

M. Finocchiaro, "갈릴레이는 코페르니쿠스의 지동설을 옹호한 죄로 옥고를 치르고 고문까지 받았다?" R. Numbers 편, 『과학과 종교는 적인가 동지인가』(서울: 뜨인돌, 2010), 109-124.

S. Hawking, *The Illustrated on the Shoulders of Giants: The Great Works of Physics and Astronomy*, 김동광 옮김, 『거인들의 어깨 위에 서서: 물리학과 천문학의 위대한 업적들』(서울: 까치, 2006).

W. Rowland, *Galileo's Mistake*, 정세권 옮김, 『갈릴레오의 치명적 오류』(서울: Mediawill M&B, 2003).

W. Shea, "갈릴레이와 교회," 『신과 자연 I: 기독교와 과학, 그 만남의 역사』(서울: 이화여자대학교출판부, 1998), 161-191.

W. Shea, *Galileo in Rome: The Rise and Fall of a Troublesome Genius*, 고중숙 옮김, 『갈릴레오의 진실』(서울: 동아시아, 2006).

신재식, 『예수와 다윈의 동행』(서울: 사이언스북스, 2013).

현우식, 『과학으로 기독교 새로 보기』(서울: 연세대학교출판문화원, 2012).

009

E. Davis, "뉴턴의 기계론적 우주론이 신의 필요성을 제거했다?" R. Numbers, 『과학과 종교는 적인가 동지인가』(서울: 뜨인돌, 2010), 177-187.

G. Christianson, 정소영 옮김, 『만유인력과 뉴턴』(서울: 바다출판사, 1996).

G. Deason, "종교개혁신학과 기계론적 자연 개념," 『신과 자연 I: 기독교와 과학, 그 만남의 역사』(서울: 이화여자대학교출판부, 1986).
I. B. Cohen & G. Smith, *The Cambridge Companion to Newton* (Cambridge: Cambridge University Press, 2002).
I. Newton, *The Principia: Mathematical Principles of Natural Philosophy* (Berkeley: University of California Press, 1999).
I. Newton, "프린키피아," S. Hawking, *The Illustrated on the Shoulders of Giants: The Great Works of Physics and Astronomy*, 김동광 옮김, 『거인들의 어깨 위에 서서: 물리학과 천문학의 위대한 업적들』(서울: 까치, 2006), 189-218.
J. Gleick, 김동광 옮김, 『아이작 뉴턴』(서울: 승산, 2008).
J. Langone, B. Stutz, A. Gianopoulos, 정영목 옮김, 『과학, 우주에서 마음까지』(서울: 지호, 2008).
J. Langone, B. Stutz, A. Gianopoulos, 정영목 옮김, 『과학, 우주에서 마음까지』(서울: 지호, 2008).
M. Guillen, 서윤호 · 허민 옮김, 『세상을 바꾼 다섯 개의 방정식: 수학의 힘과 아름다움』(서울: 경문사, 1997).
S. Hawking, *The Illustrated on the Shoulders of Giants: The Great Works of Physics and Astronomy*, 김동광 옮김, 『거인들의 어깨 위에 서서: 물리학과 천문학의 위대한 업적들』(서울: 까치, 2006).

미ㅁ

A. McGrath, *Darwinism and the Divine: Evolutionary Thought and Natural Theology* (Wiley-Blackwell, 2011).
E. Edelson, *Gregor Mendel - And the Roots of Genetics* (Oxford University Press, 1999), 최돈찬 옮김, 『유전학의 탄생과 멘델』(서울: 바다출판사, 2002).
R. Henig, *The Monk in the Garden: The Lost and Found Genius of Gregor Mendel, the Father of Genetics* (2000), 안인희 옮김, 『정원의 수도사』(서울: 사이언스북스, 2006).

V. Orel, *Mendel* (1984), 한국유전학회 옮김, 『현대 유전학의 창시자 멘델』(서울: 전파과학사, 2008).
현우식, 『과학으로 기독교 새로 보기』(서울: 연세대학교 출판문화원, 2012).

미1

F. Collins, *Belief: Readings on the Reason for Faith* (HarperOne, 2010).
F. Collins, *The Language of God: A Scientist Presents Evidence for Belief* (Free Press, 2006).
F. Collins, *The Language of Life* (Harper Collins Publishers, 2010).
신재식, 『예수와 다윈의 동행』(서울: 사이언스북스, 2013).
현우식, 『과학으로 기독교 새로 보기』(서울: 연세대학교 출판문화원, 2012).

미2

C. L. Miller, *Reading Cusanus: Metaphor and Dialectic in a Conjectural Universe* (Washington, D.C.: The Catholic University of America Press, 2003).
J, Counet, "Mathematics and the Divine in Nicholas of Cusa," T. Koetsier and L Bergmans (eds.) *Mathematics and the Divine: A Historical Study* (Amsterdam: Elsevier, 2005), 273-290.
H. Küng, 『그리스도교』(왜관: 분도출판사, 2002).
N. Cusa, *On Learned Ignorance* (Minneapolis: Banning Press, 1985).
N. Cusanus, *De docta ignorantia*, 조규홍 옮김, 『박학한 무지』(서울: 지식을만드는 지식, 2013).
N. Kues, *Philosophisch-theologische Schriften*, 조규홍 옮김, 『다른 것이 아닌 것』(서울: 나남, 2007).
R. Kather, "The Earth is a Noble Star: The Arguments for the Relativity of Motion in the Cosmology of Nicolaus Cusanus and Their Transformation in Einstein's Theory of Relativity," P. J. Casarella

(ed.) *The Legacy of Learned Ignorance* (Washington, D.C.: The Catholic University of America Press, 2006).
김형수, 「니콜라스 쿠자누스의 신 인식과 자기 인식: 신 개념을 통한 정신의 인식 가능성」 (서울: 누멘, 2012).
현우식 · 김병한, "신학과 수학에서의 진리와 믿음" 「신학사상」 123 (2003): 263-291.

미3

E. Maor, *e: The Story of a Number* (New Jersey: Princeton University Press, 1994).
L. Euler, *Letters of Euler on Different Subjects in Natural Philosophy: Addressed to A German Princess* (New York: Harper and Brothers, 1837).
L. Euler, *Introduction to Analysis of the Infinite* (New York: Springer-Verlag, 1988).
M. Kline, *Mathematics: The Loss of Certainty* (New Yrok: Oxford University, 1980).
P. Nahin, *Dr. Euler's Fabulous Formula* (New Jersey: Princeton University Press, 2006).
R. Bradley & E. Sandifer (eds.), *Leonhard Euler: Life, Work and Legacy: Studies in the History and Philosophy of Mathematics* (Amsterdam: Elsevier, 2007).
R. Thiele, "Leonhard Euler (1707-1783)," T. Koetsier and L Bergmans (eds.) *Mathematics and the Divine: A Historical Study* (Amsterdam: Elsevier, 2005), 509-521.
박창균, "오일러의 삶, 업적, 그리고 사상," *The Korean Journal for History of Mathematics*, 20(2), (2007): 19-32.
현우식, "오일러의 수학신학," *The Korean Journal for History of Mathematics*, 25(2), (2012): 11-21.

미14

H. Weyl, *Philosophy of Mathematics and Natural Science* (New Jersey: Princeton University Press, 1949)

R. Rucker, *Infinite and the Mind: The Science and Philosophy of the Infinite* (New Jersey: Princeton University Press, 1995).

H. Meschkowski, *Biographical Dictionary of Mathematicians*, Vol.I., C. Gillespie (ed.) (New York: Scribner's Sons, 1991).

I. Grattan-Guinness, *The Search for Mathematical Roots, 1870-1940: Logics, Set Theories and the Foundations of Mathematics from Cantor through Russell to Gödel* (New Jersey: Princeton University Press, 2000).

J. Dauben, *Georg Cantor: His Mathematics and Philosophy of the Infinite* (New Jersey: Princeton University Press, 1990).

H. Meschkowski, *Biographical Dictionary of Mathematicians*, Vol.I., C. Gillespie (ed.), (New York: Scribner's Sons, 1991).

R. Thiele, "Georg Cantor (1845-1918)," T. Koetsier and L Bergmans (eds.) *Mathematics and the Divine: A Historical Study* (Amsterdam: Elsevier, 2005).

현우식, "칸토르의 수학 속의 신학," *The Korean Journal for History of Mathematics*, 24(3), (2011): 13-21.

미15

H. Wang, *A Logical Journey: From Gödel to Philosophy* (Massachusetts: The MIT Press, 1996).

H. Wang, *Reflections on Kurt Gödel* (Massachusetts: The MIT Press, 1987).

J. Dawson, *Logical Dilemmas: The Life and Work of Kurt Gödel* (Wellesley: A. K Peters,1997).

K. Gödel, "Ontological Proof(1970)," *Collected Works III: Unpublished Essays and*

Lectures., S. Feferman et al.(eds.), (Oxford: Oxford University Press, 1995).

K. Gödel, *Kurt Gödel Collected Works Vol.IV.: Correspondence A-G* (Oxford: Oxford University Press, 2003).

현우식, 『신의 존재에 대한 괴델의 수학적 증명』(서울: 경문사, 2013).

주 석

ㅁㅁ1

1) A. Pais, *Einstein Lived Here*, 이용원 옮김, 『신화는 계속되고: 아인슈타인의 삶과 사상』(서울: 범한서적, 1996), 370-380.

2) S. Hawking, *The Illustrated on the Shoulders of Giants: The Great Works of Physics and Astronomy*, 김동광 옮김, 『거인들의 어깨 위에 서서: 물리학과 천문학의 위대한 업적들』(서울: 까치, 2006), 225.

3) J. Bernstein, *Albert Einstein - and the Frontiers of Physics*, 이상현 옮김, 『아인슈타인』(서울: 바다출판사, 2002), 18-22.

4) S. Hawking, 『거인들의 어깨 위에 서서: 물리학과 천문학의 위대한 업적들』, 226; J. Bernstein, 『아인슈타인』, 19.

5) J. Bernstein, 『아인슈타인』, 21.

6) 이 글은 A. Einstein, *Einstein On Cosmic Religion and Other Opinions and Aphorisms* (New York: Dover Publications, 2009), 43-54; A. Einstein, *The World As I See It* (New York: Philosophical Library, 1949), 24-28; A. Einstein, *Ideas and Opinions* (New York: Crown Publishers, 1954), 36-40에 수록되어 있다.

7) 이 글은 A. Einstein, *Ideas and Opinions* (New York: Crown Publishers, 1954), 41-49에 수록되어 있다.

8) 이 글은 A. Einstein, *Out of My Later Years* (New York: Philosophical Publishers, 1950), 21-30에 수록되어 있다.

9) 이 글은 A. Einstein, *Ideas and Opinions* (New York: Crown Publishers, 1954), 50-53에 수록되어 있다.

10) A. Pais, 『신화는 계속되고; 아인슈타인의 삶과 사상』, 163-170; J.

Bernstein, 『아인슈타인』, 43.

11) 권오대, 『아인슈타인 하우스』(서울: 새길, 2011), 385.

12) W. Heisenberg, 김용준 옮김, 『부분과 전체』(서울: 지식산업사, 2011), 143.

13) M. Stanley, 김정은 옮김, "아인슈타인은 인격화된 신을 믿었다?" R. Numbers(ed.) *Galileo Goes to Jail And Other Myths About Science and Religion*, 『과학과 종교는 적인가 동지인가』(서울: 뜨인돌, 2010), 285-297.

14) 아인슈타인은 1921년 첫 미국 방문 중 보스턴에서 받은 질문에 대해 스피노자의 신을 믿는다고 대답했다. D. Brian, *Einstein: A Life*, 승영조 옮김, 『아인슈타인 평전』(서울: 북폴리오, 2004), 263-264.

15) D. Brian, 『아인슈타인 평전』, 378.

16) D. Brian, 『아인슈타인 평전』, 379.

17) 칸트는 『순수이성비판』에서 직관이 없는 개념은 공허하고, 개념이 없는 직관은 맹목적이라고 주장한 바 있다. 칸트의 논리에 의해 아인슈타인의 비유를 풀이해 본다면, 다음과 같을 것이다. 종교가 없는 과학은 공허하고, 과학이 없는 종교는 맹목적이다.

18) M. Jammer, *Einstein and Religion: Physics and Theology* (New Jersey: Princeton University Press, 1999).

ㅁㅁㄹ

1) 공동 수상자는 도모나가 신이치로와 줄리언 슈윙거이다.

2) R. Feynman, R. Leighton, M. Sands, *The Feynman Lectures on Physics I* (Reading: Addison-Wesley Publishing Company, 1989), ix.

3) 이 책은 『파인만의 물리학 강의 I-III』로 승산에서 번역되었다.

4) C. Sykes, *No Ordinary Genius: The Illustrated Richard Feynman* (New York: W. W. Norton & Company, 1994), 250.

5) C. Sykes, *No Ordinary Genius: The Illustrated Richard Feynman*, 249.

6) J. Gleik, *Genius* (1992), 황혁기 옮김, 『천재: 리처드 파인만의 삶과 과학』

(서울: 승산, 2005), 569.

7) C. Sykes, *No Ordinary Genius: The Illustrated Richard Feynman*, 250.

8) 이 글의 내용을 포함한 확장된 강연으로는 '가치의 불확실성'을 보라. R. Feynman, "The Uncertainty of Values," *The Meaning of It All: Thoughts of a Citizen Scientist* (Cambridge: Perseus Publishing, 1998), 31-57. 이 책의 우리말 번역은 R. Feynman, 정무광 · 정재승 옮김, 『과학이란 무엇인가?』(서울: 승산, 2008)을 보라.

9) R. Feynman, "The Relation of Science and Religion," *The Pleasure of Finding Things Out* (Cambridge: Perseus Publishing, 1999), 245-257. 이 책의 우리말 번역은 R. Feynman, 김희봉 · 승영조 옮김, 『발견하는 즐거움』(서울: 승산, 2001)을 보라.

10) R. Feynman, "The Relation of Science and Religion," 247.

11) R. Feynman, "The Relation of Science and Religion," 247.

12) R. Feynman, "The Relation of Science and Religion," 249.

13) 파인만은 의문이나 토의 없이 모든 질문에 정답이 주어지는 사례로 공산주의를 제시한다. 그는 공산주의의 관점은 과학의 관점으로부터 정확히 정반대에 있다고 말한다. 그러므로 민주주의 사회에서 삶의 불확정성이 보다 더 과학과 잘 양립할 수 있다. R. Feynman, "The Relation of Science and Religion," 251-252.

14) R. Feynman, "The Relation of Science and Religion," 248.

15) R. Feynman, "The Relation of Science and Religion," 252-253.

16) R. Feynman, "The Relation of Science and Religion," 256.

17) R. Feynman, "The Relation of Science and Religion," 256.

18) R. Feynman, "The Relation of Science and Religion," 257.

003

1) 기포드 강좌는 기포드(A. Gifford)의 유언장(1887년)의 내용에 의해서 이루어졌다. 강좌의 주제는 자연신학(Natural Theology)이어야 한다. "이 강좌

의 강사로 초빙된 사람은 그가 진리 앞에 겸손하고, 참되게 사유하고, 진지하게 진리를 사랑하고, 성실하게 진리를 탐구한다면 어떤 종류의 자격 심사도 받지 않는다. 어느 종파에 속하거나 어느 종파에도 속하지 않아도 관계없으며, 어떤 종교를 가져도 좋으며, 어떤 방법으로 생각해도 괜찮다. 쉽게 말하자면 그들은 아무 종교도 갖지 않을 수 있으며 이른바 회의주의자나 불가지론자라도 관계없다."

2) 이 책은 신중섭 옮김, 『무한의 다양성』(서울: 범양사출판부, 1991)으로 번역되었다.

3) "다른 세상에 대한 상상으로부터 배울 수 있는 가장 중요한 교훈은 겸손이다." F. Dyson, *A Many-Colored Glass* (2007), 곽영직 옮김, 『그들은 어디에 있는가』(서울: 이파르, 2008), 242.

4) F. Dyson, *A Many-Colored Glass* (2007), 곽영직 옮김, "인간 경험의 다양성," 『그들은 어디에 있는가』(서울: 이파르, 2008), 211-243. 이 부분은 다이슨이 2007년 프린스턴의 신학 연구 센터에서 했던 강연을 정리한 것이다. 여기에서 다이슨은 특히 생물학과 종교를 관련시켜 다루고 있다. 그는 생물학의 발전이 종교를 이해하는 일에 도움을 줄 수 있다고 주장한다.

5) 소시누스(Faustus Socinus)는 폴란드에서 초기 유니테리언 운동을 주도했던 지도자였다(1574년). 그러나 여기에서 소시누스의 입장과 유사한 부분은 신의 진화적 창조에 대한 유사성을 의미한다.

6) F. Dyson, *Infinite In All Directions* (New York: Harper & Row Publishers, 1988), 119.

7) F. Dyson, *Infinite In All Directions*, 120.

8) 신약성서 고린도전서 12장 4-6절에서 인용. 개역개정판 번역에 따르면 다음과 같다. "은사는 여러 가지나 성령은 같고 지분은 여러 가지나 주는 같으며 사역은 여러 가지나 모든 것을 모든 사람 가운데서 이루시는 하나님은 같으니"

9) 다이슨이 1985년 스코틀랜드 애버딘에서 행한 기포드 강연의 제목이 '다양성을 찬양하며'(In Praise of Diversity)이다.

10) F. Dyson, *Infinite In All Directions*, 3.

11) F. Dyson, *Infinite In All Directions*, 5.

12) F. Dyson, *Infinite In All Directions*, 6.

13) F. Dyson, *Infinite In All Directions*, 7-8.

14) F. Dyson, *Infinite In All Directions*, 8.

15) F. Dyson, *Infinite In All Directions*, 8.

16) C. Hartshorne, *Omnipotence and Other Theological Mistakes* (1984), 홍기석 · 임인영 옮김, 『하나님은 어떤 분이신가: 하나님의 전능하심과 여섯 가지 신학적인 오류』(서울: 한들, 1995). 하트숀에 따르면 신에 대한 신학적 오류는 (1) 신은 변화할 수 없다 (2) 전능, (3) 전지, (4) 신의 무정한 선, (5) 죽음 후의 삶으로서의 영원불멸, (6) 계시의 무오성이다. 하트숀은 진화를 통하여 창조하는 신을 이해할 수 있도록 돕는 것이 중요하다고 강조한다.

17) F. Dyson, *Infinite In All Directions*, 294.

18) E. Schrödinger, 전대호 옮김, 『생명이란 무엇인가』(서울: 궁리, 2007), 143-149의 '결정론과 자유의지에 관하여'를 참조하라. 슈뢰딩거는 과학이 종교적 질문에 대하여 정보를 줄 수 있으며 종교적 생각에 도움을 줄 수 있다고 믿는다. 이에 관하여는 E. Schrödinger, 전대호 옮김, 『정신과 물질』(서울: 궁리, 2007), 231-248의 '과학과 종교'를 참조하라.

19) 다이슨은 '우연'이란 관찰자가 미래에 대해 얼마나 무지한 정도에 대한 척도라고 말한다.

20) F. Dyson, *Infinite In All Directions*, 295.

21) F. Dyson, *Infinite In All Directions*, 296-297.

22) F. Dyson, *Disturbing the Universe* (2001), 김희봉 옮김, 『프리먼 다이슨 20세기를 말하다: 과학자의 눈으로 본 인간, 역사, 우주 그리고 신』(서울: 사이언스북스, 2009), 341-351.

23) F. Dyson, *Infinite In All Directions*, 297.

24) F. Dyson, 『프리먼 다이슨 20세기를 말하다: 과학자의 눈으로 본 인간, 역사, 우주 그리고 신』, 347.

25) 다이슨에 따르면, 그 중간 수준에 분자 생물학의 수준이 있는데, 여기에는 기계적 모형이 적합하다.

26) F. Dyson,『프리먼 다이슨 20세기를 말하다: 과학자의 눈으로 본 인간, 역사, 우주 그리고 신』, 349-350.

27) F. Dyson, *Infinite In All Directions*, 297-298.

004

1) S. Gould, "'What is Life?' As a Problem in History," M. Murphy & L. A. J. O'Neill(eds.), *What is Life? The Next Fifty Years: Speculations on the Future of Biology* (Cambridge: Cambridge University Press, 1995), 25-39.

2) S. Gould, "'What is Life?' As a Problem in History," 36.

3) S. Gould, *Ever Since Darwin: Reflections on Natural History*, 홍욱희 홍동선 옮김,『다윈 이후』(서울: 사이언스북스, 2008).

4) S. Gould, *Panda's Thumb*, 김동광 옮김,『판다의 엄지』(서울: 세종서적, 1998).

5) S. Gould, *The Mismeasure of Man*, 김동광 옮김,『인간에 대한 오해』(서울: 사회평론, 2003).

6) S. Gould, *Wonderful Life: The Burgess Shale and the Nature of History*, 김동광 옮김,『생명 그 경이로움에 대하여』(서울: 경문사, 2004).

7) N. Eldredge & S. Gould, "Punctuated Equilibria: An Alternative to Phyletic Gradualism," J. M. Schopf(ed.) *Models in Paleobiology* (San Francisco: Treeman Cooper, 1972), 82-115; S. Gould & N. Eldredge, "Punctuated Equilibria: the Tempo and Mode of Evolution Reconsidered," *Paleobiology*, 3(1979):115-151.

8) K. Sterelny, *Dawkins VS. Gould: Survival of the Fittest*, 장대익 옮김,『유전자와 생명의 역사』(서울: 몸과마음, 2002).

9) S. Gould & R. Rewontin, "The Spandrels of San Marco and the Panglossian Paradigm: A Critique of the Adaptationist Program" *Proceedings of the Royal Society of London*, 205 (1979): 581-598.

10) S. Gould, *Rocks of Ages: Science and Religion in the Fullness of Life* (New

York: Ballantine Books, 1999).

11) S. Gould, "Nonoverlapping Magisteria," *Natural History* 106 (1997): 16-22.

12) S. Gould, "Impeaching a Self-Appointed Judge," *Scientific American* 267 (1992): 118-121.

13) S. Gould, *Rocks of Ages: Science and Religion in the Fullness of Life*, 8; S. Gould, "Nonoverlapping Magisteria," *Natural History* 106 (1997): 16-22.

14) S. Gould, "Nonoverlapping Magisteria," *Natural History* 106 (1997): 16-22.

15) S. Gould, *Rocks of Ages: Science and Religion in the Fullness of Life*, 4.

16) S. Gould, *Rocks of Ages: Science and Religion in the Fullness of Life*, 6.

17) S. Gould, "Impeaching a Self-Appointed Judge," *Scientific American* 267 (1992): 118-121.

18) S. Gould, *Rocks of Ages: Science and Religion in the Fullness of Life*, 44-45.

19) S. Gould, "다윈과 페일리, 보이지 않는 손을 만나다,"『여덟 마리 새끼 돼지』 김동광 옮김 (서울: 현암사, 2008), 195-216.

20) S. Gould, "Nonoverlapping Magisteria," *Natural History* 106 (1997): 16-22.

21) S. Gould, "Nonoverlapping Magisteria," *Natural History* 106 (1997): 22.

005

1) I. Barbour, *Issues in Science and Religion* (Englewood Cliffs: Prentice-Hall, 1966).

2) R. Russell(ed.), *Fifty Years in Science and Religion: Ian G. Barbour and His Legacy* (Aldershot: Ashgate, 2004). 이 논문집은 바버의 공헌을 기념하여 과학과 종교의 대화와 연구에 참여하는 친구들과 후학들의 글을 모은 것이다.

3) S. McFague, "Ian Barbour: Theologian's Friend, Scientist's

Interpreter," *Zygon* 31(2005): 21-28.

4) I. Barbour, *Myths, Models and Paradigms: A Comparative Study in Science and Religion* (New York: Harper & Row, 1974).

5) I. Barbour, *Religion in an Age of Science* (San Francisco: Harper San Francisco, 1990).

6) I. Barbour, *Religion and Science: Historical and Contemporary Issues* (San Francisco: Harper San Francisco, 1997).

7) I. Barbour, *When Science Meets Religion: Enemies, Strangers, or Partners?* (San Francisco: Harper San Francisco, 2000). 이 책은 『과학이 종교를 만날 때』로 번역되었다.

8) 여기에서 NOMA는 과학과 종교가 서로 겹치지 않는 교육권을 가진 독립된 영역임을 의미한다.

9) 한계질문, 경계문제란 과학 내에서 발생된 문제인데 과학 내에서 해결되지 못하고 있는 질문과 문제들을 말한다.

10) I. Barbour, *Nature, Human, and God* (Minneapolis: Fortress Press, 2002).

□□6

1) J. Polkinghorne, *Quantum Physics and Theology* (2007), 현우식 옮김, 『양자물리학 그리고 기독교신학』(서울: 연세대학교출판부, 2009), 158.

2) 디랙은 당시 양자이론의 미해결 문제를 풀었던 영국의 천재 과학자이다. 여기에서 미해결 문제란 아인슈타인의 특수상대성이론과 양자이론 사이의 불일치 문제를 의미한다. 디랙은 중첩원리(superposition principle)의 기반이 되는 수학적 구조를 깊이 있게 연구하다가 1928년 장이론(field theory)에 의해서 상대론적 양자이론, 즉 상대성이론과 양자이론의 통합을 이루었다. 이 공로를 인정받아 1933년 노벨 물리학상을 수상했다.

3) J. Polkinghorne, *Quantum World* (Princeton University Press, 1985); *Quantum Theory: A very Short Introduction* (Oxford University Press, 2002).

4) J. Polkinghorne, *Searching for Truth*, 이정배 옮김, 『진리를 찾아서』(서울: KMC, 2003), 48.

5) J. Polkinghorne, "물리학자에서 사제로," 신재식 옮김, 『과학과 종교: 새로운 공명』(서울: 동연, 2002), 101-116.

6) *The Way the World Is* (Eerdmans, 1983).

7) 이에 대하여 다음의 책들을 추천한다. J. Polkinghorne, *Belief in God in an Age of Science* (Yale University Press, 1998); *Science and Theology* (SPCK, 1998); *Scientists as Theologians* (SPCK, 1996); *Science and the Trinity: The Christian Encounter with Reality* (Yale University Press, 2004); *Exploring Reality* (Yale University Press, 2005); *Quantum Physics and Theology* (Yale University Press, 2007); *Theology in the Context of Science* (SPCK, 2008);

8) 이에 대하여 다음의 책들을 추천한다. J. Polkinghorne, *Science and Christian Belief: Theological Reflections of a Bottom-Up Thinker* (SPCK, 1994); Quarks, *Chaos and Christianity* (Crossroad, 1996); *Searching for Truth* (Crossroad, 1996); *Science and Religion in Quest of Truth* (SPCK, 2011).

9) J. Polkinghorne, "물리학자에서 사제로," 114-116.

10) J. Polkinghorne, *Science and Theology* (London: SPCK, 1998), 21-22.

11) 비판적 실재론의 인식론적 특성을 위해서는 존 폴킹혼, 『과학시대의 신론』, 115-140을 참조하라.

12) Epistemology models Ontology.

13) 이에 관하여 현우식, 『과학으로 기독교 새로 보기』(서울: 연세대학교출판문화원, 2012)를 참조하라.

14) 따라서 '하향식 사고'(Top-down thinking)란 정신적 수준에서 물리적 수준으로의 현대과학적 접근방법을 의미한다.

15) 상향식 논증에 대한 좋은 사례를 위해서 J. Polkinghorne, 『양자물리학 그리고 기독교신학』의 제4장을 참조하라.

16) '자연을 연구하는 신학'과 '자연신학'은 구분된다. '자연신학'(natural theology)이란 용어는 자연과학의 방법을 사용하여 신을 연구하는 것을 의미한다.

17) 현우식, 『과학으로 기독교 새로 보기』, 81-87.

18) J. Polkinghorne, "Mathematical Reality," *Meaning in Mathematics* (Oxford: Oxford University Press, 2011), 27-34.

19) 수학에 따르면 실재에 대한 물리적 환원주의(physical reductionism)을 피할 수 있다. J. Polkinghorne, *Belief in God in an Age of Science* (New Haven: Yale University Press, 1998), 129-130.

20) J. Polkinghorne, *Quarks, Chaos and Christianity*, 우종학 옮김, 『쿼크, 카오스 그리고 기독교』(서울: SFC, 2007), 130-137.

21) J. Polkinghorne, 『양자물리학 그리고 기독교신학』, 158.

007

1) 과학철학과 과학역사의 관점에서 본 코페르니쿠스에 관하여는 J. Henry, *Moving Heaven and Earth: Copernicus and the Solar System*, 예병일 옮김, 『왜 하필이면 코페르니쿠스였을까』(서울: 몸과마음, 2003)를 참조하라.

2) S. Hawking, *The Illustrated on the Shoulders of Giants: The Great Works of Physics and Astronomy* (London: Running Press, 2004), 21.

3) S. Hawking, *The Illustrated on the Shoulders of Giants: The Great Works of Physics and Astronomy* (London: Running Press, 2004), 16

4) O. Gingerich & J. MacLachlan, *Nicolaus Copernicus: Making the Earth a Planet*, 이무현 옮김, 『지동설과 코페르니쿠스』(서울: 바다출판사, 2006), 150.

5) 로마의 율리우스 카이사르 시대부터 사용해오던 달력이다. 율리우스력에서는 1년의 길이를 365.25일로 가정하고 4년마다 한 번씩 윤년을 넣었다. 그러므로 해가 거듭될수록 부활절이 점점 여름철에 가까워지는 문제를 노출하고 있었다. 1년은 365.24219일이기 때문이다.

6) 이 논저는 여섯 장의 종이에 적은 짧은 논문이다. 그러나『천구의 회전에 관하여』를 저술하기 위한 중요한 구상이 담겨 있다. 코페르니쿠스는 이 논저를 크라코프의 동료 수학자들에게 보냈다. 그 후 학자들 사이에서 회람되며 알려지게 된다.

7) Simon Singh, *Big Bang*, 곽영직 옮김, 『빅뱅』(서울: 영림카디널, 2006), 49.

8) 코페르니쿠스의 이론과 신구교의 관계에 관하여는 R. Westman, "코페르니쿠스론자들과 교회," 『신과 자연: 기독교와 과학, 그 만남의 역사』(서울: 이화여자대학교출판부, 1986), 112-160을 참조하라.

9) 갈릴레오가 종교재판을 받은 명목도 '코페르니쿠스의 지지자'라는 죄 때문이었다.

10) S. Hawking & L. Mlodinow, *The Grand Design* (New York: Bantam Books, 2010), 164.

□□8

1) 마지막 부분은 다음과 같다. "주님, 저를 도와 주소서. 저 갈릴레오 갈릴레이는 성경에 손을 얹고 위와 같이 맹세하고, 서약하고, 약속하고, 다짐합니다. 증인들 입회하에 제 손으로 이 맹세를 쓰고 이것을 읽습니다."

2) M. Finocchiaro, "갈릴레이는 코페르니쿠스의 지동설을 옹호한 죄로 옥고를 치르고 고문까지 받았다?" R. Numbers 편, 『과학과 종교는 적인가 동지인가』(서울: 뜨인돌, 2010), 109-124.

3) 조르다노 부르노는 종교재판소 지하감옥에서 7년간 구금된 채 고문을 당하다가 1600년 2월에 로마에서 화형당했다.

4) "그럼에도 불구하고 지구는 돈다(Eppur si mouve)"라는 명언을 갈릴레오가 남겼다는 주장은 전혀 근거가 없다. 후에 덧붙여진 이야기이다.

5) S. Hawking, *The Illustrated on the Shoulders of Giants: The Great Works of Physics and Astronomy*, 김동광 옮김, 『거인들의 어깨 위에 서서: 물리학과 천문학의 위대한 업적들』(서울: 까치, 2006), 75.

6) J. MacLachlan, 이무현 옮김, 『물리학의 탄생과 갈릴레오』(서울: 바다출판사, 2002), 149-150.

7) 종교재판 이후 갈릴레오의 눈은 멀어갔다. 처음에는 오른쪽 눈에 이상이 생겼다. 그러나 의사 진료 요청을 종교재판소가 거절하여 치료를 받지 못해서 시

력을 잃었고, 그 후 왼쪽 눈으로 감염된 병은 그의 모든 시력을 빼앗아 갔다. M. White, 김명남 옮김, 『갈릴레오』(서울: 사이언스북스, 2009), 337.

8) 1664년 교황 우르바노 8세가 죽자 로마 시민들은 바티칸에 세워진 그의 동상을 끌어내렸다.

9) 대공 코시모 2세의 어머니 크리스티나 여사에게 성서와 자연의 관계에 대한 설명을 담은 편지.

10) W. Shea, "갈릴레이와 교회," 『신과 자연 I: 기독교와 과학, 그 만남의 역사』(서울: 이화여자대학교출판부, 1998), 176.

11) W. Rowland, *Galileo's Mistake*, 정세권 옮김, 『갈릴레오의 치명적 오류』(서울: Mediawill M&B, 2003), 393-394.

009

1) 이 비문은 창세기 1장 3절의 말씀을 연상하도록 하기 위한 것이었다. 비문의 원문은 다음과 같다. "Nature and nature's laws lay hid in night; God said "Let Newton be" and all was light."

2) 만유인력의 법칙이란 모든 물체가 서로 끌어당기며 인력의 양은 물체의 질량에 비례한다는 것이다. 이때, 인력의 양은 서로 끌어당기는 두 물체 사이의 거리의 제곱에 반비례한다.

3) 뉴턴이 활동하던 때에는 '자연과학'이란 용어가 없었다. 그래서 '자연철학'과 '자연신학'이 오늘날의 자연과학에 해당하는 공식적인 용어이다. 현재 사용되는 '과학' 또는 '과학자'란 용어는 1834년 이후에 만들어진 것이다.

4) I. Newton, *Philosophiæ Naturalis Principia Mathematica* (1687).

5) 뉴턴의 과학과 신학을 다룬 글로는 신재식, 『예수와 다윈의 동행』(서울: 사이언스북스, 2013)을 추천한다. 뉴턴의 전기로는 J. Gleick, 김동광 옮김, 『아이작 뉴턴』(서울: 승산, 2008)을 추천한다.

6) 케임브리지의 경제학자 존 케인즈(John Keynes)는 뉴턴이 남긴 기록 문서의 상당한 양을 경매에서 구매하기도 하였다.

7) 뉴턴의 출생, 성장에 대하여는 G. Christianson, 정소영 옮김, 『만유인력

과 뉴턴』(서울: 바다출판사, 1996), 12-31; J. Gleick, 『아이작 뉴턴』, 19-42을 참조하라.

8) M. Guillen, 서윤호 · 허민 옮김, 『세상을 바꾼 다섯 개의 방정식: 수학의 힘과 아름다움』(서울: 경문사, 1997), 19-25.

9) J. Langone, B. Stutz, A. Gianopoulos, 정영목 옮김, 『과학, 우주에서 마음까지』(서울: 지호, 2008), 53.

10) 현재에는 물리학자 스티븐 호킹(Stephen Hawking) 박사가 이 자리를 맡고 있다.

11) G. Christianson, 『만유인력과 뉴턴』, 88.

12) 아리스토텔레스는 신이 지구로부터 분리된 천체의 영역에만 국한된다고 생각했었다.

13) 주기도문은 주님께서 가르쳐주신 기도문을 뜻한다. 기독교에서는 신이 인간에게 가르쳐주신 기도이며 가장 중요한 기도문에 해당된다.

14) 운동에 대한 뉴턴의 3대 법칙은 제1법칙: 관성의 법칙, 제2법칙: 가속도의 법칙, 제3법칙: 반작용의 법칙을 말한다. S. Hawking, *The Illustrated on the Shoulders of Giants: The Great Works of Physics and Astronomy*, 김동광 옮김, 『거인들의 어깨 위에 서서: 물리학과 천문학의 위대한 업적들』(서울: 까치, 2006), 182-183.

15) 네게 흑암 중의 보화와 은밀한 곳에 숨은 재물을 주어서 너로 너를 지명하여 부른 자가 나 여호와 이스라엘의 주님인 줄 알게 하리라(사 45:3 개역).

16) G. Christianson, 『만유인력과 뉴턴』, 133-134.

17) G. Christianson, 『만유인력과 뉴턴』, 138.

18) 그러나 절대시간과 절대공간을 전제로 했던 뉴턴의 고전물리학은 변화와 불변 사이의 부조화, 존재와 생성 사이의 부조화를 설명하기에 한계가 있었다.

19) E. Davis, "뉴턴의 기계론적 우주론이 신의 필요성을 제거했다?" R. Numbers, 『과학과 종교는 적인가 동지인가』(서울: 뜨인돌, 2010), 177-187.

20) G. Deason, "종교개혁신학과 기계론적 자연 개념," 『신과 자연 I: 기독교와 과학, 그 만남의 역사』(서울: 이화여자대학교출판부, 1986), 235-267을

참조하라.

21) I. Newton, *The Principia: Mathematical Principles of Natural Philosophy* (Berkeley: University of California Press, 1999), 940-941.

22) G. Deason, "종교개혁신학과 기계론적 자연 개념," 263.

23) I. B. Cohen & G. Smith, *The Cambridge Companion to Newton* (Cambridge: Cambridge University Press, 2002).

24) 뉴턴은 삼위일체교리를 받아들이지 않았다. 이를 알리고 비판한 글은 많으나 그가 받아들이지 않은 이유에 대하여는 대부분 침묵하고 있다. 뉴턴이 아타나시우스의 삼위일체교리를 받아들이지 못한 이유는 성경에는 그 교리가 없다는 이유 때문이었다. 그는 신학과 교회사를 철저히 연구했으며, 교부들의 작품을 대부분 섭렵했다. E. Davis, "뉴턴의 기계론적 우주론이 신의 필요성을 제거했다?"『과학과 종교는 적인가 동지인가?』(서울: 뜨인돌, 2010), 177-187.

25) G. Christianson,『만유인력과 뉴턴』, 264.

26) S. Hawking,『거인들의 어깨 위에 서서: 물리학과 천문학의 위대한 업적들』, 186.

27) If I have seen further it is by standing on the shoulders of giants.

28) 후크(Robert Hooke)는 뉴턴의 활동하던 당시 영국왕립학회의 실험감독관이었고 뉴턴의 연구결과를 공격했다. 이때 뉴턴은 빛의 입자(particle)가설을 주장했다.

미미

1) 멘델의 생애와 업적을 보다 자세히 이해하기 위해서는 다음을 추천한다. R. Henig, *The Monk in the Garden: The Lost and Found Genius of Gregor Mendel, the Father of Genetics* (2000), 안인희 옮김,『정원의 수도사』(서울: 사이언스북스, 2006).

2) A. McGrath, *Darwinism and the Divine: Evolutionary Thought and Natural Theology* (Wiley-Blackwell, 2011), 152.

3) V. Orel, Mendel (1984), 한국유전학회 옮김,『현대 유전학의 창시자

멘델』(서울: 전파과학사, 2008), 75-76.

4) R. Henig, 『정원의 수도사』, 156-157. 멘델이 정말 진화를 믿었는지는 논란의 대상이다.

5) E. Edelson, *Gregor Mendel - And the Roots of Genetics* (Oxford University Press, 1999), 최돈찬 옮김, 『유전학의 탄생과 멘델』(서울: 바다출판사, 2002), 110.

6) E. Edelson, 『유전학의 탄생과 멘델』, 99-100.

머11

1) F. Collins, *The Language of God: A Scientist Presents Evidence for Belief* (Free Press, 2006). 이 책은 이창신 님에 의해 『신의 언어』(2009)로 번역되었다.

2) F. Collins, *The Language of Life* (Harper Collins Publishers, 2010). 이 책은 이정호 님에 의해 『생명의 언어』(2012)로 번역되었다.

3) F. Collins, *Belief: Readings on the Reason for Faith* (HarperOne, 2010). 이 책은 김일우 님에 의해 『믿음』(2011)이라는 제목으로 번역되었다.

4) F. Collins, *The Language of God*, 225.

5) 진화주의는 과학의 진화과학과는 다른 주장이다. 이것은 진화론의 이름으로 무신론을 주장하는 내용이 포함된다.

6) 창조주의는 기독교의 창조신학과는 다른 주장이다. 창조과학의 이름으로 주장되는 내용이 창조주의에 포함된다.

7) 지적설계의 오류는 스스로 과학적 이론이라고 주장하는 점에 있다.

8) 기독교의 창조신학을 이해하기 위해서는, 최소한 '무로부터의 창조'(*creatio ex nihilo*), '연속창조'(*creatio continua*), '새로운 창조'(*creatio nova*)를 함께 이해해야 한다. 이에 관하여는 현우식, 『과학으로 기독교 새로 보기』(서울: 연세대학교 출판문화원, 2012)의 "연속창조, 진화생물학과 기독교를 담는 그릇"을 참조하라.

9) F. Collins, *The Language of God*, 200.

10) 진화론적 유신론에 관하여는 신재식, 『예수와 다윈의 동행』(서울: 사이

언스북스, 2013)을 참조하라.

11) F. Collins, *The Language of God*, 146.

12) "여러분 가운데 누구든지 지혜가 부족하거든, 모든 사람에게 아낌없이 주시고 나무라지 않으시는 하나님께 구하십시오. 위에서 오는 지혜는 우선 순결하고, 다음으로 평화스럽고, 친절하고, 온순하고, 자비와 선한 열매가 풍성하고, 편견과 위선이 없습니다."(야고보서 1:5, 3:17)

미2

1) 현재의 쾰른 대학교를 말한다.

2) 쿠자누스가 남긴 위대한 작품은 다음과 같이 세 부분으로 분류해 볼 수 있다. (1) 교회분야: *De Concordantia Catholica* (1443-1434), *De pace Fidei* (1453), *Cribratio Alchorani* (1461). (2) 신학분야: *De Docta Ignorantia* (1440), *De Coniecturis* (1440), *De Deo Abscondito* (1444), *De Quaerendo Deum* (1445), *De Genesi* (1447), *Apologia Doctae Ignoratiae* (1449), *Idiotae de Mente* (1450), *De Visione Dei* (1453), *De Beryllo* (1458), *De Possest* (1460), *Tetralogus de Non Aliud* (1462), *De Venatione Sapientiae* (1463), *De Ludo Globi* (1463), *De Apice Theoriae* (1463). (3) 수학분야: *De Staticis Experimentis* (1450), *De Transmutationibus Geometrics* (1450), *De Mathematicis Complementis* (1453), *De Mathematica Perfectione* (1458).

3) H. Küng, 『그리스도교』(왜관: 분도출판사, 2002), 566.

4) Nicholas of Cusa, *On Learned Ignorance* (Minneapolis: Banning Press, 1985), 114.

5) R. Kather, "The Earth is a Noble Star: The Arguments for the Relativity of Motion in the Cosmology of Nicolaus Cusanus and Their Transformation in Einstein's Theory of Relativity," P. J. Casarella(ed.) *The Legacy of Learned Ignorance* (Washington, D.C.: The Catholic University of America Press, 2006), 226-250.

6) C. L. Miller, *Reading Cusanus: Metaphor and Dialectic in a Conjectural Universe*

(Washington, D.C.: The Catholic University of America Press, 2003), 110-146.

7) Nicholas of Cusa, *On Learned Ignorance* (Minneapolis: Banning Press, 1985).

미3

1) P. Nahin, *Dr. Euler's Fabulous Formula* (New Jersey: Princeton University Press, 2006), 345.

2) 칼빈주의는 프랑스의 종교개혁자 칼빈(Jean Calvin, 1509~1564)의 신학적 주장과 신앙고백을 말한다. 특히 신의 주권(sovereignty)을 강조하고 신의 예정(predestination)을 개인의 자유의지나 구원보다 더 중요하게 생각한다. 칼빈의 『기독교강요』(*Institutes of the Christian Religion*)와 성서 주석은 개혁교회 또는 장로교회를 형성하는 일에 큰 영향을 주었다.

3) M. Kline, *Mathematics: The Loss of Certainty* (New Yrok: Oxford University, 1980), 66.

4) 여기에서 자연주의 신학은 이신론(Deism)을 뜻한다.

5) 여기에서 특별 섭리(special providence)는 자연법칙 외에 특별한 신의 행동이 추가된다는 의미이다.

6) 여기에서 특별 계시란 신이 인간의 몸을 입고 이 세상에 와서 인류를 구원한다는 예수 그리스도 사건을 의미한다.

7) L. Euler, *Letters of Euler on Different Subjects in Natural Philosophy: Addressed to A German Princess* (New York: Harper and Brothers, 1837).

8) L. Euler, *Letters of Euler*, 384-386.

9) L. Euler, *Letters of Euler*, 380-384.

10) 삼각함수는 삼각형을 근거로 생각하는 사인함수(sin), 코사인함수(cos) 등을 말한다.

11) 이와 관련하여 다음의 정리를 참조하라. If 2^k-1 is prime and if $N=2^{k-1}(2^k-1)$, then N is perfect.

12) E. Maor, *e: The Story of a Number* (New Jersey: Princeton University Press, 1994), 160.

13) 복소수 시스템(complex number system)은 실수에 허수가 추가된 시스템이다.

14) 오일러의 역사적 배경과 종교적 배경에 관하여는 다음을 참조하라. R. Thiele, "Leonhard Euler (1707-1783)," T. Koetsier and L Bergmans (eds.) *Mathematics and the Divine: A Historical Study* (Amsterdam: Elsevier, 2005), 509-521.

미14

1) H. Weyl, *Philosophy of Mathematics and Natural Science* (New Jersey: Princeton University Press, 1949), 66.

2) R. Thiele, "Georg Cantor (1845-1918)," T. Koetsier and L Bergmans (eds.) *Mathematics and the Divine: A Historical Study* (Amsterdam: Elsevier, 2005), 535.

3) R. Thiele, "Georg Cantor (1845-1918)," T. Koetsier and L Bergmans (eds.) *Mathematics and the Divine: A Historical Study* (Amsterdam: Elsevier, 2005), 527, 543.

4) 칸토르의 생애와 사상에 관하여는 다음을 참조하라. J. Dauben, *Georg Cantor: His Mathematics and Philosophy of the Infinite* (New Jersey: Princeton University Press, 1990).

5) 유대계 칸토르가 히브리어 알파벳 중 첫 자인 알레프(ℵ)를 사용하는 것은 자연스러운 일이다.

6) 칸토르는 '가무한'(the potential infinite)을 '변수적 유한'(variable finite)으로 불렀다.

7) R. Rucker, *Infinite and the Mind: The Science and Philosophy of the Infinite* (New Jersey: Princeton University Press, 1995), 9.

8) R. Thiele, "Georg Cantor (1845-1918)," T. Koetsier and L

Bergmans (eds.) *Mathematics and the Divine: A Historical Study* (Amsterdam: Elsevier, 2005), 456.

9) J. Dauben, *Georg Cantor: His Mathematics and Philosophy of the Infinite*, 232.

10) J. Dauben, *Georg Cantor: His Mathematics and Philosophy of the Infinite*, 294-296.

11) J. Dauben, *Georg Cantor: His Mathematics and Philosophy of the Infinite* (New Jersey: Princeton University Press, 1990), 144-148.

12) G. Cantor, "Mitteilungen zur Lehre vom Transfiniten,"(1887-1888), 385, 405, I. Grattan-Guinness, *The Search for Mathematical Roots 1870-1940*, 109-110.

13) G. Cantor, "Mitteilungen zur Lehre vom Transfiniten," 399-400, I. Grattan-Guinness, *The Search for Mathematical Roots 1870-1940*, 110.

14) 구트베어레트(C. Gutberlet)는 신토마스주의자였다.

15) H. Meschkowski, *Biographical Dictionary of Mathematicians*, Vol.I., C. Gillespie(ed.), (New York: Scribner's Sons, 1991), 404.

16) R. Thiele, "Georg Cantor (1845-1918)," T. Koetsier and L Bergmans (eds.) *Mathematics and the Divine: A Historical Study* (Amsterdam: Elsevier, 2005), 540.

17) I. Grattan-Guinness, *The Search for Mathematical Roots 1870-1940*, 120.

미5

1) 괴델의 불완전성 정리가 가지는 의미에 관하여는 현우식, 『신의 존재에 대한 괴델의 수학적 증명』(서울: 경문사, 2013)을 참조하라.

2) 아인슈타인은 고등학술연구소에 공식적인 업무가 없을 때에도 단지 괴델과의 산책하기 위해 출근한다고 고백할 만큼 두 사람의 관계는 각별했다고 전해진다.

3) 이와 관련하여 괴델은 세 편의 논문을 남겼다. "An example of a new type of cosmological solutions of Einstein's field equations of grav-

itation"(1949), "A remark about the relationship between relativity theory and idealistic philosophy"(1949), "Rotating universes in general relativity theory"(1952). 괴델은 1950년 국제수학자대회(International Congress of Mathematicians)에서 "일반상대성이론에서 회전하는 우주"에 대해 강연했다.

4) 여기에서 선정된 수학자는 괴델과 튜링(A. Turing)뿐이다. 타임지에 의해 선정된 20세기 100대 인물을 보기 위해서는 1999년 6월 14일자 『TIME』를 참조하라.

5) 괴델의 생애와 업적에 관하여는 J. Dawson, *Logical Dilemmas: The Life and Work of Kurt Gödel* (Wellesley: A. K Peters,1997)를 참조하라. 이에 관한한 가장 믿을만하고 탁월한 전기이다. 도슨 교수는 괴델의 유품과 남겨진 문서들을 모두 정리하고 해독한 사람이다.

6) H. Wang, *Reflections on Kurt Gödel* (Massachusetts: The MIT Press, 1987), 70.

7) H. Wang, *Reflections on Kurt Gödel*, 71.

8) H. Wang, *Reflections on Kurt Gödel*, 192, 212-218. 괴델은 하오 왕에게 철학공부를 위해서는 합리론적 신학을 공부해야 한다고 권유했다.

9) H. Wang, A Logical Journey: From Gödel to Philosophy (Massachusetts: The MIT Press, 1996), 290.

10) K. Gödel, *Kurt Gödel Collected Works Vol.IV.: Correspondence A-G* (Oxford: Oxford University Press, 2003), 448.

11) 괴델은 1943-1946년경에 라이프니츠의 철학을 집중적으로 연구했다.

12) 라이프니츠의 신에 관한 존재론적 증명은 그가 1678년 하노버에서 스피노자를 비판하며 자신의 주장을 개진하면서 탄생한 것이다. Gottfried Wilhelm Leibniz, "On the Ethics of Benedict De Spinoza(1678)," *Philosophical Papers and Letters* (Boston: D. Reidel Publishing Company, 1976), 196-206을 참조하라.

13) 괴델과 절친했던 아인슈타인은 스피노자의 신을 믿은 대표적인 과학자

로 불린다.

14) 여기에서 다루는 서신은 다음에 수록된 것임. K. Gödel, *Kurt Gödel Collected Works Vol.IV.: Correspondence A-G*, 427-439.

15) K. Gödel, *Kurt Gödel Collected Works Vol.IV.: Correspondence A-G*, 431.

16) K. Gödel, *Kurt Gödel Collected Works Vol.IV.: Correspondence A-G*, 439.

17) K. Gödel, *Kurt Gödel Collected Works Vol.IV.: Correspondence A-G*, 439.

18) 괴델의 증명의 역사적 배경과 의미에 관하여 현우식, 『신의 존재에 대한 괴델의 수학적 증명』(서울: 경문사, 2013)을 참조하라.

19) K. Gödel, "Ontological Proof(1970)," *Collected Works III: Unpublished Essays and Lectures*, S. Feferman et al.(eds.) (Oxford: Oxford University Press, 1995), 404.

*이 책에 사용한 과학자의 사진 중에 저작권자에게 사용 허가를 받으려고 했으나, 연락이 닿지 않은 사진이 있습니다. 이후에라도 저작권자에게 이미지 사용에 대한 허가를 받기 위해 노력할 것이며, 요구에 따라 이미지 사용에 대한 합당한 금액을 지불하겠습니다. 먼저 아래에 출처를 밝힙니다.

41쪽 사진: http://princetonastronomy.wordpress.com/2011/10/31/ from-the-program-chair-10/
127쪽 사진: http://www.genome.gov/pressDisplay.cfm?photoID=20206

아인슈타인에서 괴델까지
과학자들은 종교를 어떻게 생각할까
〈개정증보판〉

2014년 3월 6일 초판 1쇄 발행
2015년 10월 25일 개정증보판 1쇄 발행

지은이 | 현우식
펴낸이 | 김영호
펴낸곳 | 도서출판 동연
등록 | 제1-1383호(1992. 06. 12.)
주소 | 서울시 마포구 월드컵로 163-3(우 03962)
전화 | (02) 335-2630/4110
팩스 | (02) 335-2640
이메일 | yh4321@gmail.com

ISBN 978-89-6447-290-3 03400